Kleindrehmaschine im Eigenbau
Jürgen Eichardt

Kleindrehmaschine im Eigenbau

Jürgen Eichardt

vth Verlag für Technik und Handwerk
Baden-Baden

vth-Fachbuch
Best.-Nr.: 310.2152

Redaktion: Peter Hebbeker/Oliver Bothmann

Bibliografische Information Der Deutschen Bibliothek
Die Deutsche Bibliothek verzeichnet diese Publikation in der Deutschen Nationalbibliografie; detaillierte bibliografische Daten sind im Internet über http://dnb.ddb.de abrufbar.

ISBN 3-88180-752-7

© 1. Auflage 2005 by Verlag für Technik und Handwerk
Postfach 22 74, 76492 Baden-Baden
Alle Rechte, besonders das der Übersetzung, vorbehalten. Nachdruck und Vervielfältigung von Text und Abbildungen, auch auszugsweise, nur mit ausdrücklicher Genehmigung des Verlages.

Printed in Germany
Druck: WAZ-Druck, Duisburg

Inhaltsverzeichnis

1. Vorwort 7

2. Uhrmacherdrehmaschinen (Drehstühle) 10

3. Die Konstruktion 11

4. Teilefertigung 14
    4.1 Spindelstock 14
        4.1.1. Grundbrett 26
        4.1.2. Arbeitsspindel 26
        4.1.3. Spannzangenrohlinge 33
    4.2. Rundwangen 36
        4.2.1. Eine Wange mit Zentrierfläche 37
        4.2.2. Zentriersteine 39
        4.2.3. Vierkant-Wangen 41
    4.3. Kreuzsupport 43
        4.3.1. Quersupport-Grundkörper 44
        4.3.2. Klemmleiste 52
        4.3.3. Quersupport-Schlitten 53
        4.3.4. Einstellschrauben 54
        4.3.5. Rund-T-Nut 55
        4.3.6. Schiebeplatte 59
        4.3.7. Supportspindel 62
        4.3.8. Skalen- und Klemmring, Handkurbel 63
        4.3.9. Spindeleinbau 67
        4.3.10. Obersupport-Grundkörper 67
        4.3.11. Obersupport-Schlitten 71
        4.3.12. Restteile für den Obersupport 72
        4.3.13. Vierstahlhalter 73
    4.4. Reitstock 77
        4.4.1. Reitstöcke bei anderen Wangenarten 86
        4.4.2. Handhebel 89
        4.4.3. Diverse Dorne 92

4.5. Fertigstellung der Spannzangen 98
4.6. Backenfutter 102
4.7. Aufspannscheibe 104
4.8. Planscheibe 106
    4.8.1. Sonderzangen 114
    4.8.2. Stufenspannzangen 115
    4.8.3. Ringfutter 117
4.9. Riemenscheibe/Antrieb 119
4.10. Feilrollen-Auflage 126
4.11. Spindelarretierung 129
4.12. Setzstock 129
4.13. Hebel-Kreuzsupport 134
4.14. Obersupport-Justierung 139
4.15. Quersupport-Abdeckung 140
4.16. Steckbrett 141

5. Die Kleindrehmaschine 142

6. Maschinen von anderen Hobbyisten 145

7. Händlerverzeichnis 155

8. Literaturhinweise 158

1. Vorwort

Das moderne Leben hat uns leider schon zu sehr zu „Kaufmenschen" gemacht. Alles muss da sein, kaufbar. Für jedes Wehwehchen muss es eine Pille geben. Für viele besteht Arbeit schon nur noch aus Knöpfchendrücken. Wenn ich meine Schiffsmodelle gelegentlich auf einer Ausstellung zeige, höre ich von sehr interessierten und, wie sich meist später herausstellt, recht sachkundigen Besuchern oft zuerst die Frage: Was kostet das Modell? Nichts, ich will das Modell nicht verkaufen. Na, Sie müssen doch wissen, was das Modell kostet! Für viele unserer Zeitgenossen wird der Wert eines Dings leider erst begreiflich, wenn sie eine Zahl hören.

Es gibt Dinge, die bedeuten mehr als Geld in irgendeiner Währung: Erfüllte Partnerschaft, ein interessantes und abwechslungsreiches Berufsleben, Wissen in jeglicher Form, ein Abend unter Freunden, erholsame Tage am Baggersee, Kunst, Sport treiben, horizonterweiternde Reisen und, und, und... wenn ich überlege, mir würde noch vieles mehr einfallen, so vielgestaltig und schön ist das Leben. Jeder Bastler und Modellbauer kennt aber noch einen anderen Wert: den Stolz auf selbst Erreichtes.

Der Mensch kann viel erreichen – wenn er nur richtig will. In meinem Heimatort in der DDR gab es einen alten Mann. Ein Leben lang hatte er in einer Fabrik für Großdrehmaschinen gearbeitet. Nun im Ruhestand konnte er sich so richtig seinem Hobby zuwenden: dem Bau von Kleinserien kleiner Selbstzünder-Verbrennungsmotoren. Für wenig Geld gab er sie später an befreundete Flugmodellbauer ab. Soweit so gut, denn kleine Verbrenner bauen etliche Enthusiasten. Die Besonderheit in dem Fall war jedoch, dass der gute Mann alle Werkzeugmaschinen für seine „Mini-Produktion" vorher selbst baute – also alle üblichen Zerspanungsmaschinen, sogar eine Rundschleif- und eine Hohnmaschine, alles natürlich im Kleinformat. Die Maschinchen sahen nicht wie geleckt aus, doch sie funktionierten extrem genau...

Mir selbst ging es vor Jahrzehnten ähnlich. Ich hatte aus Begeisterung zum Schiffsmodellbau den Beruf des Werkzeugdrehers erlernt. Dabei habe ich meinen Kollegen Werkzeugmachern, Vorrichtungs- und Formenbauern öfter als nötig „über die Schulter geschaut" und dabei viel gelernt. In der DDR gab es nur eine einzige Kleindrehmaschine, die so genannte HOBBYMAT, zu kaufen. Wenn ich mich recht entsinne für etwa 4.500,- Mark (der DDR). Bei 700,- bis 800,- Mark Monatslohn für einen Facharbeiter war das viel Geld, das ich nie hätte aufbringen können. Fräsmaschinen gab es überhaupt nicht frei zu kaufen! Mit Kaufen war also nichts zu machen, wollte ich solche Maschinen in Zukunft privat für mein Hobby nutzen. Ich habe mich deshalb ans Reißbrett gesetzt und meine Maschinen selbst konstruiert und gebaut. Im Rahmen der „Messe der Meister von Morgen" (MMM), in den DDR-Betrieben „hoch angebunden" und selbsttäuschend überwichtig, konnte ich die Maschinen problemlos gewissermaßen „nebenher" bauen. Die wichtigsten maschinentragenden Teile waren keine Grauguss-Stücke nach Holzmodellen. Nein, es waren aus dem Ganzen gefräste und gedrehte Teile oder Schweißstücke.

So baute ich über die Jahre eine Universal-Fräsmaschine mit allem Zubehör und eine kleine Tischdrehmaschine; später bauten andere Modellbauer unter meiner „federführenden Anleitung" kleine Uhrmacher-Drehmaschinen. Erfahrungen auf dieser Strecke habe ich demnach reichlich. In diesem Buch bekommen Sie detaillierte Anleitung zum Selbstbau einer Drehmaschine, welche die Dimensionen eines Uhrmacherdrehstuhls hat. Dazu sind natürlich eine größere Drehmaschine und eine Fräsmaschine notwendig. Man wird nun einwenden, dass man doch keine Mini-Drehmaschine braucht, wenn man schon eine große hat. Ein gutes Argument, denn auf einer großen Maschine kann man auch kleine Teile fertigen; umgekehrt kaum. Doch es ist so: Die kleinen Maschinchen sind so schön handlich, dass Sie in Zukunft die kleinen Modellteile nur noch auf dem „Drehstuhl" drehen wollen – wenn Sie ihn nur erst haben.

Die Herstellung der Teile ist in überschaubarer Zeit getan, denn wir verzichten bewusst auf die Gewindedreheinrichtung, die im Hobbybereich – seien wir ehrlich – kaum benutzt wird und nach meiner Einschätzung nicht nötig ist. Auch einen maschinellen Vorschub benötigt der Hobbydreher nie! Die meist kurzen Modellteile werden ausschließlich mit dem Obersupport „abgekurbelt". Schon aus technologischer Sicht ist das besser, weil das Messen von Längen so weitgehend entfällt.

Bauen Sie die Maschine nach ihren Bedürfnissen. Oder bauen Sie zwei Stück, eine mehr für einen guten Freund. Oder bauen Sie in der Gruppe, jeder das, was er am besten kann. Legen Sie eine Kleinserie auf. Nicht zuletzt möchte ich auch den Preis für so eine Drehmaschine erwähnen. Uhrmacherdrehmaschinen kosten heute ab 3.000,- € aufwärts. Unser Drehstuhl kostet konkret die Preise von zwei Kegelrollenlagern (Spindelstock), für unbedingt notwendige Materialbestellungen (z. B. Silberstahl), für den Antriebsriemen und den Antriebsmotor – falls man den nicht auch aus „alten Heeresbeständen" hat. Dazu kommen noch ein paar Euro für Materialbeschaffungen beim Schrotthändler. Sonderwerkzeuge, wie Feingewinde-Werkzeuge, kann man vielleicht ausleihen. Das ist alles. Aufwand für Arbeitszeit rechnen wir ja nicht – oder doch?

Wir werden Stück für Stück die kleine Maschine in der sinnvollen Reihenfolge der Teile bauen. Immer will ich Alternativen aufzeigen. Ich rate Ihnen, vor Beginn der Arbeiten das gesamte Buch zu lesen. Nur so bekommen Sie einen Überblick über die verschiedenen Ausführungsformen einiger Teile und können sich „Ihre" Maschine nach Ihren Bedürfnissen, Vorlieben und technischen Voraussetzungen zusammenstellen. Auch bekommen Sie ein Gespür für die Anforderungen an die Genauigkeit. Bei den meisten Teilen gibt es Flächen, Winkel, Rundlaufanforderungen usw., die besonders wichtig, aber auch Dinge, die völlig bedeutungslos sind und oft nur wegen eines besseren Aussehens überhaupt bearbeitet werden. Abschließend gibt es noch ein paar Zeichnungen für meine Kleindrehmaschine. Diese dann aber kommentarlos, denn Sie haben längst die Herstellungsweise der

Teile gelernt. Noch ein Gedanke: Selbst wer keine Drehmaschine bauen will, wird beim aufmerksamen Lesen des Buches viel Hintergrundinformationen über die Metallbearbeitung bekommen. Ich selbst habe aus Anlass dieses Buches in etwa drei Monaten eine neue Drehmaschine mit allem Zubehör gebaut.

Ich bedanke mich für die Unterstützung in Detailfragen durch die Firmen WMS-Möller, Egelsbach sowie RC-Machines, Junglinster in Luxemburg. Mein besonderer Dank gilt den Herren Wolfgang Anthonj, Jürgen Behrendt, Peter Held, Stephan Kästner, Manfred Mehner, Ekkehard Schuhmann und Egon Weers, die mir freundlicherweise Unterlagen zu ihren herrlichen Eigenbau-Drehmaschinen zur Verfügung gestellt haben. Für Hilfe und Unterstützung möchte ich mich auch beim Feinmechanikermeister Wolfgang Eberhard aus Karlsruhe herzlich bedanken. Und ich bedanke mich wieder beim Verlag für Technik und Handwerk für das Zustandekommen dieses Buches. Ich wünsche Ihnen allen Freude bei Ihrem schönen, technischen Hobby – wie es auch geartet sein mag.

Karlsruhe, im Sommer 2005

Jürgen Eichardt

Foto 1: Die neue Maschine am Arbeitsplatz. Links hinter dem Spindelstock habe ich den Frequenzumrichter und die E-Schalter angeordnet. Die senkrechte Spindel vor dem Motor ist die Einstellschraube für die Riemenspannung

Foto 2: Rückansicht der Maschine. Rechts unten erkennt man das längsverschiebbare Schwenklager für den E-Motor

Foto 3: In die Regalwand hinter der Maschine ist auf einem Brett alles Zubehör griffbereit gesteckt und gehängt

2. Uhrmacherdrehmaschinen (Drehstühle)

Als ich 14 Jahre als Feinmechaniker beschäftigt war, lernte ich die kleinen Uhrmacherdrehmaschinen, Uhrmacherdrehstühle genannt, kennen. Vorher hatte ich mir nicht vorstellen können, dass es so kleine Drehmaschinen überhaupt gibt. Ein Kollege schenkte mir damals Spindelstock, Wange und Reitstock eines Drehstuhls des bekannten Fabrikats „Boley", weil der Kreuzsupport fehlte und man mit den paar Teilen nichts anfangen konnte. Mutig war ich damals schon. Und so begann ich für mein Geschenk einen kleinen Kreuzsupport zu bauen, damit die Maschine komplett wird. Bei diesem Bau habe ich mich eng an die Konstruktion der Supports der Uhrmacherdrehmaschinen im Betrieb gehalten, die ich täglich vor mir hatte – sie praktisch bis auf Änderungen, eher Verbesserungen, nachgebaut. Daran ist nichts Verwerfliches. Die Änderungen betrafen vor allem die Steigung der Gewinde für die Supportspindeln und die Winkelverstellung für den Obersupport. Im Betrieb war die Spindelsteigung genau 0,4 mm. Für das Abkurbeln größerer Drehlängen war also viel Rechnerei und Konzentration nötig. Auch die Drehstahl-Aufnahme habe ich geändert. Die einfache, aber praktische, „Stichelhaus" genannte Vorrichtung, genügte mir nicht. Ich war von der Berufstätigkeit die sinnvolleren Vierstahlhalter gewöhnt. Deshalb habe ich einen Mini-Vierstahlhalter konstruiert und dazu gleich eine richtige Klinkenrastung. Wir kommen später darauf zurück.

3. Die Konstruktion

Bei einem originalen Uhrmacherdrehstuhl ist die Arbeitsspindel im Spindelstock in Gleitlagern gelagert (Abb. 118 in (4), siehe Literaturhinweise). Auf deren Ausführungen möchte ich hier nicht eingehen, denn die Herstellung erfordert viel technischen Aufwand, den nur eine Firma für eine Serienproduktion betreiben kann. Wir ändern die Konstruktion in Wälzlager. Jedoch nicht in einfache Rillenkugellager, sondern in echt einstellbare Kegelrollenlager (siehe Händlerverzeichnis). Zwei Stück davon werden – gegeneinander verdreht – in einen massiven Alu-Klotz als Spindelstock eingebaut (**Abb. 1**). Das gelingt uns gut. Einmal richtig geschmiert und eingestellt, kann man mit diesem Spindelstock jahrelang ohne Wartung arbeiten. Denn die verwendeten Kegelrollenlager sind für wesentlich höhere Belastungen konstruiert.

Das „Maschinenbett" sind bei uns Rund- oder Vierkant-Stäbe. Sie werden nur einseitig im Spindelstock auf Abstand und gleichzeitig in Richtung gehalten. An der Reitstockseite ragen sie freitragend, wie zwei gestreckte Finger, aus.

Auf diese Stäbe werden bei Bedarf Kreuzsupport und Reitstock (und anderes Zubehör) gesteckt und in Arbeitslage geklemmt. Weil der Reitstock beim Drehen oft stört, wird er bei Nichtgebrauch von der Maschine genommen. Andererseits ist auch der Kreuzsupport abgenommen, wenn längere Zeit nur gebohrt wird.

Die Original-Uhrmacherdrehstühle haben nur eine runde Wange. Als Verdrehungsschutz ist an diese eine Abflachung angearbeitet. Wir werden diese Art als Alternative besprechen. Sie ist mit etwas mehr Arbeitsaufwand auch machbar. Besonders die maßgenaue Anarbeitung der Wangen-Abflachung und die ebenfalls sehr genaue Herstellung der sogenannten „Steine" sind schwierig zu machen.

Die Grundkörper für Kreuzsupport und Reitstock erhalten für die beiden „Bettstäbe" Durchbrüche. Bei den Rundwangen erhält die jeweils vordere, den richtigen Durchmesser (Ø 18). Auf diese Seite kommt auch jeweils die Schlitz-Klemmung. Die hintere Bohrung wird größer gemacht. An dieser Stelle werden später auf den schon vorhandenen, exakt parallelen Bettstäben zwei Passbuchsen mit Gießharz eingegossen. Auch die Buchse für die Schiebepinole im Reitstock wird in einer übergroßen Bohrung des Reitstock-Grundkörpers eingegossen. Die exakte Zentrierung Arbeitsspindel zur Reitstock-Pinole bewerkstelligt ein speziell angefertigter Zentrierdorn, der nur für diesen Arbeitsgang des Eingießens angefertigt und danach nie wieder benötigt wird.

Der Obersupport wird für das Kegeldrehen um 180° drehbar sein. Dazu ist sonst eine gefräste Rund-T-Nut nötig. Wir lösen das Problem elegant durch die Herstellung von zwei einfachen Drehteilen, die auf dem Schlitten des Quersupports montiert werden.

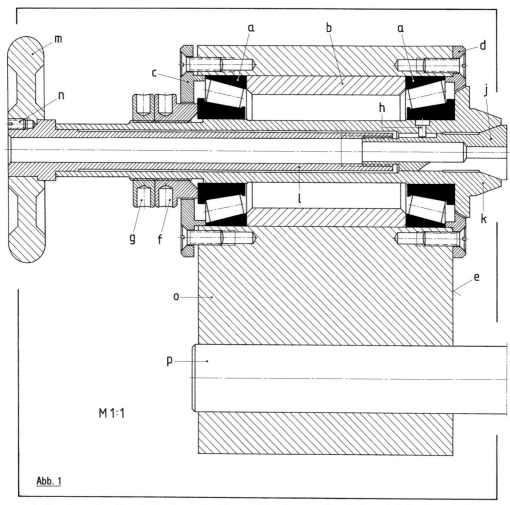

Abb. 1

a: Außenringe der Kegelrollenlager, b: Abstandsbuchse, c: Druckring, d: Stützring, e: ebene Stirnfläche, f: Einstellmutter, g: Kontermutter, h: Verdrehungsschutz, j: Spannzange, k: Arbeitsspindel, l: Anzugsrohr, m: Handrad, n: M3-Madenschraube, o: Spindelstock, p: Wange

Der Stahlhalter ist, wie gesagt, ein gerasteter Vierstahlhalter. Somit wird das gleichzeitige Spannen von maximal vier Drehstählen möglich. Auf meinem eigenen Drehstuhl sind in der Regel ein Seiten-, ein Abstech- und ein Bohrdrehstahl ständig auf Höhe eingerichtet eingespannt. Sehr praktisch!

Das Vorschieben der Reitstock-Pinole geschieht nicht, wie bei größeren Drehmaschinen, mit einem Kurbelantrieb, sondern durch einen Handhebel. Ein Hebel-Reitstock hat gegenüber einem Kurbel-Reitstock beim Bohren mit kleinen Bohrern, was auf einem Uhrmacherdrehstuhl täglich geschieht, enorme Vorteile. Die Bewegungen sind feinfühliger; der Bohrer kann schneller und öfter aus der Bohrung gezogen und so die Späne entfernt werden. Kleine Bohrer brechen demnach nicht oft.

Im Spindelstock und in der Reitstock-Pinole gibt es gleiche Aufnahmen für die Spannzangen. Man kann also die Spannzangen, die wir aus Silberstahl selbst anfertigen und nicht härten, hier als auch dort benutzen. Wendelbohrer werden in der Regel in der Pinole direkt von Zangen gehalten. Festgezogen werden die Zug-Spannzangen (Amerikanische Zangen) in beiden Fällen von ganz durchbohrten Anzugsrohren. Damit ist Stangenmaterial von 5 mm Durchmesser und kleiner durch die Arbeitsspindel „von der Stange" zu verarbeiten. Die Eigen-Herstellung der Zangen ist etwas aufwendig, aber durchaus machbar und kein Hexenwerk! Als Bohrfutter für den Reitstock fertigen wir uns auf der Grundlage eines Mini-Bohrfutters einen kleinen Bohrfutterdorn. Da man diesen Dorn, wie eben gesagt, auch in die Arbeitsspindel nehmen kann, ist er auch als Spannmittel, z. B. für winzige Zapfen, zu verwenden. Ein kleines Dreibackenfutter von etwa 60 mm Durchmesser erhält ebenfalls einen Aufnahmedorn in Zangenkontur.

Im Kapitel 4. Kleindrehmaschine wird die Konstruktion einer etwas größeren Tischdrehmaschine mit nur einer Wange vorgestellt. Diese Drehmaschine bekommt am futterseitigen Arbeitsspindelende ein Feingewinde zur Aufnahme eines Futterflansches und eine eingedrehte Kontur für Druck-Spannzangen. Es ist durchaus möglich, dass man diese Form der Arbeitsspindel, etwas verkleinert, auch für den Uhrmacherdrehstuhl verwendet – eine weitere Modifizierung des Geräts, vor allem in Hinsicht auf eine etwas festere Backenfutter-Aufnahme!

4. Teilefertigung

4.1 Spindelstock

Der Spindelstock als Lagerbock für die Arbeitsspindel und als Aufnahme für die beiden Wangen ist das im wahrsten Sinne des Wortes maßgebende Teil der Maschine. Hier ist besonders sorgfältig zu arbeiten. Am Spindelstock gibt es Flächen, Maße und Winkel, die nur ungefähr eingehalten werden müssen. Andererseits müssen die wichtigen Sachen sehr exakt gemacht werden, damit man später Freude an der Maschine hat. Besonderes Augenmerk ist auf die Parallelität der drei (zwei oder auch sieben, je nach Ausführung) Bohrungen zu richten. Hier kann man eigentlich kaum etwas falsch machen, wenn man die richtigen Technologien einhält. Für den Spindelstock kann ich mehrere Varianten der Herstellung vorschlagen. Keine hat Vorrang. Alle führen zu einem guten Ergebnis, wenn man die jeweiligen Arbeitsgänge einhält.

Variante 1
Das Material für den Spindelstock kann Alu sein. Möglich sind auch Stahl oder Grauguss. Der Block wird auf die Außenmaße 108×69,5×62 mm gebracht (**Abb. 2**).

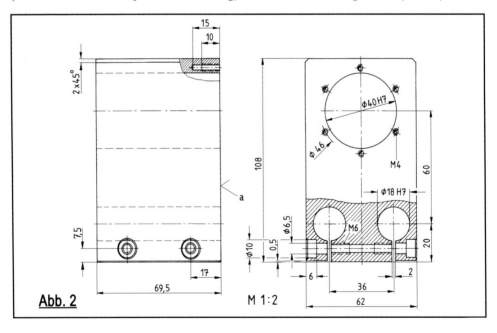

Abb. 2

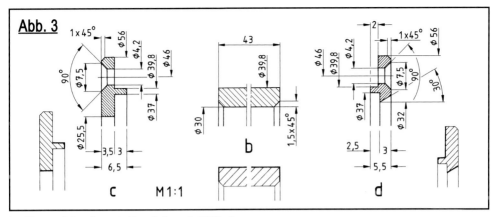

b: Abstandsbuchse, c: Druckring, d: Stützring

Ich habe schon derartige „Klötze" aus Rundmaterial hergestellt, weil es leichter als Vierkantmaterial zu beschaffen war. Der Nachteil ist, dass mehr Zerspanungsarbeit anfällt. Weder die Maße noch die Winkel müssen haargenau stimmen. Mit einer exakt ebenen Fläche 108×62 mm (am besten mit einem großen Schlagzahnfräser überfräsen) wird der Block auf Beilagen auf dem Fräsmaschinentisch gespannt. Die Beilagen müssen sein, damit die Bohrwerkzeuge „durchfahren" können, ohne dass der Frästisch beschädigt wird. Man kann auch die Späne besser entfernen, wenn das Werkstück „hochgelagert" wird.

In **Abb. 3** habe ich die Maßzeichnungen für die Spindelstockringe gegeben. In den Beiskizzen sind die Flächen als dicke Linien ausgezogen, welche exakt rund laufen müssen. Dieser Standard gilt übrigens für das gesamte Buch. Bei den Ringen (c) und (d) werden sechs Senkbohrungen für M4-Senkschrauben gleichmäßig auf dem Umfang verteilt (6×60°/Teilgerät) und danach bei der Endmontage in die Stirnflächen des Spindelstocks abgebohrt. Dazu mit einem 4,2-mm-Bohrer zuerst nur anbohren und danach mit dem 3,2-mm-Kernlochbohrer auf die Tiefe 15 mm bringen.

Die 40-mm-Spindelbohrung (und vielleicht auch die beiden 18-mm-Bohrungen für die Wangen) wird mit einem Bohrkopf (Ausdrehkopf) „ausgespindelt", das heißt, in Schritten ausgebohrt. Um dabei exakte Ergebnisse zu erzielen, soll der Eck-Bohrstahl möglichst nur so weit aus dem Bohrkopf ausragen, wie es die Höhe des Werkstücks plus vielleicht 2 mm erfordert. Jede unnötige Länge führt zum „Rattern", wobei sich genaue Maße kaum einhalten lassen. Wenn man zum Spannen des Blocks „übergreifende" Spanneisen verwendet (**Abb. 4**, A), muss der Bohrstahl wesentlich länger ausragen, als wenn man ihn in einem großen Maschinen-Schraubstock spannt oder mit Spanneisen auf provisorisch angefräste Spannstufen, die man später wieder entfernt (**Abb. 4**, B). Auch das Spannen in weiter unten eingefräste Spann-Nischen, ist möglich (**Abb. 4**, C).

Die drei Bohrungen werden in die Stirnfläche des Blocks gebohrt. Wie üblich wird im Koordinaten-Verfahren zuerst dreimal zentriergebohrt und dann mit Wendelbohrern in Schritten aufgebohrt. Das konsequente Arbeiten nach Koordinaten hat vor allem bei den beiden 18-mm-Bohrungen den Sinn, dass man beim schrittweisen Aufbohren mit dem Bohrkopf stets genau die Bohrungsmitten wiederfindet. In die 40-mm-Bohrung muss ein Außenring der Kegelrollenlager als sogenannter leichter Schiebesitz eingepasst werden. Dabei darf der Block nur Zimmertemperatur haben! Man kann die 18-mm-Bohrungen

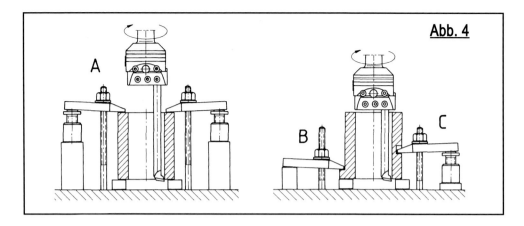

Abb. 4

auch mit einer H7-Maschinenreibahle fertig reiben. Dazu würden die Bohrungen nur bis zu einem Durchmesser von etwa 17,7 mm „ausgespindelt". Wer die Gelegenheit einer großen Fräsmaschine hat, kann natürlich auch die große Bohrung aufreiben.

Ich möchte nicht verhehlen, dass das Ausspindeln nicht gerade einfach ist. Schnell hat man die Bohrung um ein paar Hundertstel Millimeter zu groß gebohrt. Der Spindelstock wäre so nicht zu gebrauchen. Wichtig ist vor allem ein richtig scharfer, neu geschliffener (!) Eck-Bohrstahl. Weiter unten werden wir in einer weiteren Variante erfahren, was zu tun ist, wenn man zu groß gespindelt hat oder wenn man von vornherein nicht daran glaubt, dass man die 40-mm-Bohrung exakt bearbeiten kann. Ein kleiner Trick: Spannen Sie ein zweites Werkstück aus dem gleichen Material aber nicht so hoch, vielleicht in einem zweiten Schraubstock auf dem Maschinentisch. Jeder Aufbohr-Arbeitsgang (besonders die letzten, entscheidenden) wird stets zuerst in dem „Probestück" ausgeführt und das Maßergebnis dort geprüft, bevor man mit dem Bohrkopf auf das eigentliche Werkstück geht.

Für die genaue Funktion der beiden Kegelrollenlager ist es wichtig, dass ihre Außenringe (a in **Abb. 1**) gerade, also nicht verkantet, in der Bohrung sitzen. Das erreichen wir dadurch, dass beide (mit einer Abstandsbuchse b dazwischen) mit einem Druckring (c) gegen einen Stützring (d) gedrückt werden. Voraussetzung ist, dass (d) an eine Stirnfläche (e) geschraubt wird, die 100%ig rechtwinklig zur Bohrung steht. Wenn unsere Fräsmaschine exakt gebaut ist, wenn vor allem die Zugrichtung ihres Höhensupports genau winklig zum Frästisch ist (überprüfen!), könnte man die Auflagefläche (markieren!) a in **Abb. 2** als Anlage für d benutzen. Eine genauere Art ist die, dass man nach dem Fertigstellen der 40-mm-Bohrung in der gleichen Einspannung mit dem gleichen, etwas nach außen gesetzten Eck-Bohrstahl, eine flache Senkung (vielleicht

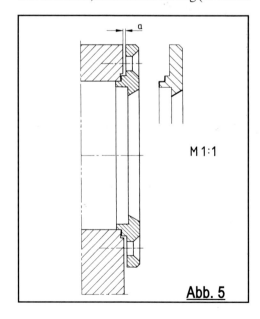

Abb. 5

nur 1 mm tief) in die obere Fläche sticht. Hier kann nun ein etwas anders gestalteter Stützring montiert werden (**Abb. 5**).

Die Arbeitsspindel wird hierbei um den Betrag des Spaltes (a) länger und die sechs M4-Haltebohrungen werden auch etwas nach außen gerückt (größerer Ø des Stützrings und gering höherer Spindelstock!). Das alles geht aber nur dann in Ordnung, wenn die wichtigen Planflächen des Stützrings in einer Einspannung gedreht werden. Auch die Planflächen der Abstandsbuchse müssen in einer Einspannung angedreht bzw. abgestochen werden, damit auch sie 100%ig parallel sind. Eine Variante ist, dass man die zweite Planfläche der Stahl-Abstandsbuchse auf einer Flächen-Schleifmaschine vorsichtig zur ersten parallel schleift.

Variante 2
Die drei Bohrungen einbohren, wie eben beschrieben. Im Backenfutter der Drehmaschine wird ein „fliegender Dorn" an ein 45-mm-Rundmaterial-Stück, das sehr fest gespannt ist, angedreht. Der angedrehte Absatz hat die Länge des Spindelstocks minus 2 mm. Der Durchmesser wird so gedreht, dass der Spindelstock als leichter Schiebesitz passt. Es darf kein spürbares Spiel vorhanden sein. Die hinteren 5 mm der Länge macht man leicht ansteigend konisch (mit einem Dreikantschaber vorsichtig „andrechseln"). Hier soll sich der Spindelstock beim Aufstecken sicher verklemmen (Druck mit der Reitstock-Pinole). Bei nicht zu hoher Drehzahl kann nun die vordere Planfläche sicher und exakt in dünnem Span winklig zur Bohrung überdreht werden. Es ist sogar möglich, dass man nur eine Ringfläche plan andreht, die etwas größer als der Durchmesser des oben genannten Stützrings (d) ist.

Variante 3
Alle drei Bohrungen werden auf der Planscheibe der Drehmaschine ausgedreht. Das hat den Vorteil, dass man Durchmessermaße auf der Drehmaschine sicherer herstellen kann. Die Bohrungsmitten werden angerissen, gekörnt und zentriergebohrt. Die Bohrungsabstände sind Freimaße, das heißt, sie müssen nicht auf 1/100-mm stimmen. Nach diesen Zentrierbohrungen wird auf der Planscheibe ausgerichtet. Gespannt wird mittels Spann-Nischen wie bei **Abb. 4**, C gezeigt. Das hat zwei Gründe: Auch beim Ausdrehen auf der Drehmaschine soll der Bohrstahl nicht viel länger als nötig aus dem Stahlhalter ausragen, jedoch wichtiger: unmittelbar nach dem Ausdrehen der 40-mm-Bohrung muss zur Herstellung einer sicheren Rechtwinkligkeit die vordere Planfläche als Anlage für den Stützring ganz oder, wie bei Variante 2 schon angedeutet, nur teilweise überdreht werden. Wichtig ist auch hier, dass die planscheibenseitige Anlagefläche des Blocks exakt eben ist (Schlagzahnfräser), damit der Block beim Weiterschieben zur nächsten Bohrung auf der Planscheibe nicht unbemerkt verkippt. Alle drei Bohrungen werden nach dem Vorbohren mit einem Eckbohrstahl ausgedreht! Mit den Bohrwerkzeugen wollen wir auf keinen Fall in die Planscheibe stechen! Wir machen den Block also zuerst 5 mm länger als nötig. Die Ausdrehtiefe für die Bohrungen beträgt Fertiglänge plus 3 mm. Nach dem Abnehmen von der Planscheibe wird die Länge des Blocks am hinteren Ende (!) um eben diese 5 mm gekürzt und damit der nicht ausgedrehte Teil weggefräst. Die 18-mm-Bohrungen kann man H7 reiben.

Variante 4
Wir reden hier über die schon angesprochene Möglichkeit, ohne eine haargenaue 40-mm-Bohrung (im Block) auszukommen. Die Bohrung für das Spindellager wird etwa 4 mm größer ausgeführt. Das Maß ist unwichtig, es kann 43,8 oder auch 44,3 sein. Auch die Güte der Bohrungswandung ist unwichtig. Es ist sogar vom Vorteil, wenn sie etwas rau ist. Denn wir wollen hier mit 2-K-Kleber (oder Gießharz) eine in einer Einspannung

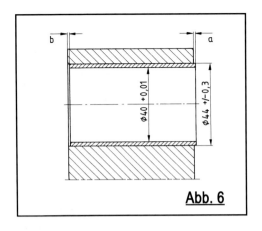

Abb. 6

gedrehte und abgestochene Buchse einkleben (**Abb. 6**).

Der Kleber hält an einer rauen Fläche besser. Der Außendurchmesser der Buchse wird als leichter Schiebesitz in die fertige Bohrung des Spindelstocks eingepasst. Der Innendurchmesser wird auf den Ø 40,01 ausgedreht (Zimmertemperatur beim Messen). Danach wird die vordere Planfläche sauber plangedreht und in geeigneter Weise markiert. Ich markiere besondere Flächen z. B. mit sauber angestochenen Fasen. Nur diese Planfläche ist exakt rechtwinklig zur Bohrung der Buchse! Sie ragt nach dem Einkleben etwa 1 mm aus dem Block heraus (a in **Abb. 6**). Die hintere Planfläche kann grob abgestochen sein und liegt nach dem Einkleben 1 mm im Block (b in **Abb. 6**). Vor dem Kleben werden alle Teile gut entfettet. Man verteilt den Kleber wie eine dünne Lackschicht (mit dem Finger einstreichen) an der Bohrungswandung. Nach dem Einschieben der Buchse wird diese noch leicht hin und her gedreht, damit sich der Kleber gut verteilt. Es ist damit zu rechnen, dass ein Großteil des Klebers nach hinten ausgestoßen wird.

Die Variante 4 hat einen Nachteil: Weil wir jetzt einen Ø 44 haben, muss sowohl der Stütz- als auch der Druckring aber auch der gesamte Spindelstock 4 mm größer gemacht werden. Der Stützring wird bei der Montage gegen die vorn ausragende Planfläche der

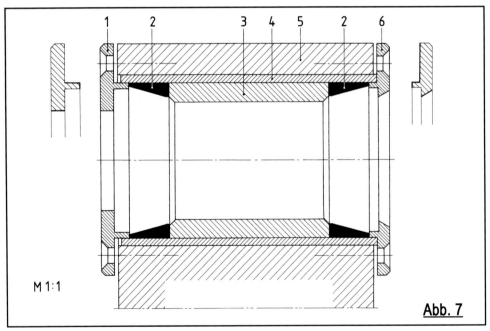

Abb. 7

1: Druckring, 2: Außenringe der Kegelrollenlager, 3: Abstandsbuchse, 4: eingeklebte Zwischenbuchse, 5: Spindelstock, 6: Stützring

Buchse gedrückt. Damit er gleichmäßig gut anliegt, wird er von Hand an die schmale Ringfläche gedrückt und alle sechs Senkschrauben vorerst nur ganz leicht angezogen. Erst danach zieht man sie rundum Stück für Stück fester.

In **Abb. 7** sehen wir alles eingebaut. Selbstverständlich könnte man auch die beiden Bohrungen für die Wangen-Stäbe so „ausbüchsen". Es muss allerdings gesagt werden, dass sich die Einzelfehler der zahlreich herzustellenden Schiebesitze zu einem schlimmen Gesamtfehler summieren können, wenn man nicht in der Lage ist, wirklich spielfreie Schiebesitze zu drehen.

Variante 5
Auch hier wird eine gedrehte Buchse eingeklebt (**Abb. 8**). Bei der Buchse ist wichtig, dass die innenliegende Planfläche des Randes und die Innenwandung in einer Einspannung gedreht werden (das macht man ja ohnehin). Der Stützring entfällt und der Druckring am hinteren Ende drückt alles (Wälzlager-Außenringe und Abstandsbuchse) zusammen – eine, wie ich finde, sehr elegante Lösung. Damit man den Sitz für die Wälzlagerringe nicht über die gesamte Bohrungslänge einhalten muss, kann man den mittleren Bereich mit einem Freistich (7 / 0,3 bis 0,5 mm genügen) aufweiten. Der Freistichbereich darf aber nur so lang sein, dass die Abstandsbuchse noch gute Zentrierung bekommt. Nutzt man diese Variante, muss der Bund am Kopf der Arbeitsspindel vergrößert und mit einem Rand versehen werden, der über den ausragenden Teil der eingeklebten Buchse reicht.

Variante 6
Und noch etwas anderes ist in dem Zusammenhang möglich: Man baut zwei verschiedene Typen von Kegelrollenlagern mit unter-

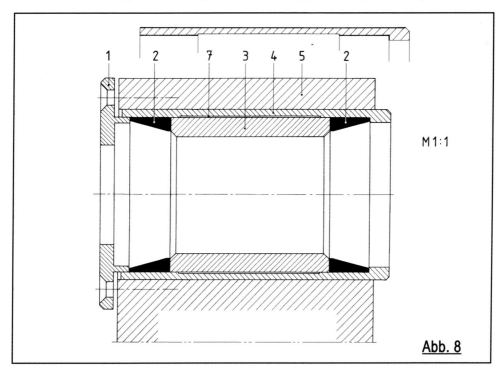

1: **Druckring, 2: Außenringe der Kegelrollenlager, 3: Abstandsbuchse, 4: eingeklebte Zwischenbuchse, 5: Spindelstock, 7: Freistich**

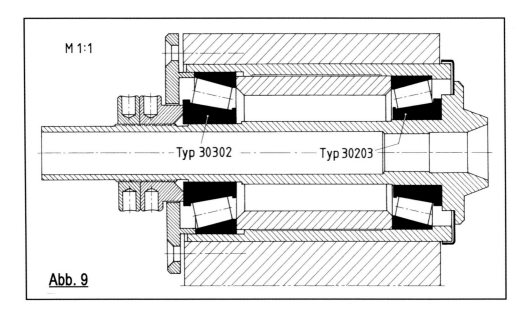

Abb. 9

schiedlichen Durchmessern der Außenringe ein; vorn, „futterseitig", den Typ 30203 (Außen-Ø 40) und hinten den Typ 30302 (Außen-Ø 42) (siehe **Abb. 9**).

Das hat den Vorteil, dass der 40-mm-Außenring bei der Montage durch die Passung des größeren Rings quasi „hindurchfällt". So sind üblicherweise Wälzlagerungen im Industrie-Maschinenbau gestaltet. Wir würden das so machen, weil es einfacher ist, in einer Buchsenbohrung zwei verschiedene Durchmesser zu drehen (und zu messen!). So sind die Lager zwar nicht kräfterichtig eingebaut, denn das Lager 30203 ist ein sogenanntes „Leichtgewichtslager" für geringere Belastungen gedacht und gerade futterseitig ergeben sich beim Drehen die größeren Kräfte. Doch die sind bei unserer kleinen Drehmaschine immer noch so verschwindend gering, dass man mit diesem „Fehleinbau" leben kann. Das Feingewinde auf der Arbeitsspindel muss nun in M15×1 geändert werden. Damit keine Späne in das vordere Wälzlager gelangen, ist an den Bund der Arbeitsspindel eine übergreifende Blechkappe angeklebt. Man kann diese Überstülpung natürlich auch andrehen oder als Drehteil herstellen.

Variante 7
Diese Variante verwendet gänzlich andere Wälzlager. Am Spindelkopf, dort wo die größeren Kräfte auftreten, wird ein zweireihiges Schrägkugellager des Typs 3203A eingebaut. Es nimmt Kräfte in beiden Achsrichtungen besser auf, als ein einreihiges Rillenkugellager. Am hinteren Spindelende sitzt ein einreihiges Zylinderrollenlager vom Typ N203EC (siehe **Abb. 10**).

Bei Dauernutzung und hohen Drehzahlen kann sich die Arbeitsspindel erwärmen, wodurch sie einen geringen Betrag länger wird. Das führt zu mehr Reibung und noch höheren Temperaturen. Bei der hier vorgestellten Lagerkombination kann sich in dem Fall der Innenring des Zylinderrollenlagers mit den Wälzkörpern im Außenring problemlos axial verschieben. Für die Einhaltung des Abstandes der Innenringe gibt es eine zweite innere Abstandsbuchse (4). Der schon bekannte Druckring (1) drückt die Außenringe und die äußere Abstandsbuchse (2) nach vorn gegen den Stützring (5). Die hier nur eine Lochmutter (6) wird fest angezogen und drückt die Innenringe und die dazwischen sitzende Abstandsbuchse gegen den Bund an der Ar-

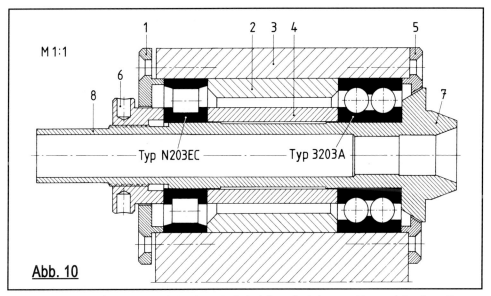

Abb. 10

1: Druckring, 2: äußere Abstandsbuchse, 3: Spindelstock, 4: innere Abstandsbuchse, 5: Stützring, 6: Druckmutter, 7: Spindelkopf, 8: Arbeitsspindel

beitsspindel (7). Durch Wegfall der Kontermutter werden Arbeitsspindel und Anzugsrohr kürzer. Ein Lagerspiel wird nicht eingestellt. Es ist durch das Spiel im Schrägkugellager vorgegeben.

Variante 8

Diese Variante ist ungewöhnlich, doch bei genauer Arbeit führt auch sie zum Ziel. Wir übernehmen den Grundaufbau vieler alter Uhrwerke: Zwei vollkommen ebene Platten werden von vier exakten Abstandsbolzen auf Abstand gehalten (**Foto 4**).

Beide Platten werden vor der Montage als „Paket" übereinandergespannt (mit provisorischen Schrauben zusammengehalten) und alle wichtigen Bohrungen im Koordinaten-Bohren eingebracht (**Foto 5**).

Für die Platten verwenden wir stranggezogene Stahl-Profile 80×10 mm. Wir nutzen dabei die „hausgemachte" Ebenheit dieses Halbzeugs. (Bei meinem eigenen Bau habe

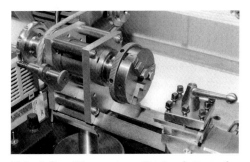

Foto 4: Das 65-mm-emco-Backenfutter auf der Arbeitsspindel. Hier erkennt man sehr schön den Aufbau des Platten-Spindelstocks und die Einbindung der Vierkantwangen

Foto 5: Das „Ausspindeln" des Plattenpaketes für den Spindelstock. Zum Fotografieren habe ich alle Späne weggekehrt

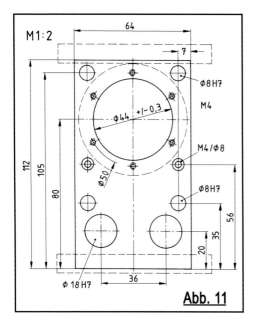

Foto 6: Übertragung der sechs Gewindebohrungen M4 auf die hintere Platte des Spindelstocks mithilfe eines Zentrierkörners. Damit sich der Drückring nicht verdrehen kann, wird er durch eine mittige M8-Schraube geklemmt. Ganz links erkennt man die angehängte Klemmplatte

Abb. 11

ich die Teile aus einer ebenen 10-mm-Alu-Platte gefräst.) Vor der Weiterbearbeitung sollte man die Platten auf Kantenbeschädigungen, Kerben usw. prüfen und diese gegebenenfalls vorsichtig entfernen. Wer ganz sicher gehen will, legt sie auf eine Flächen-Schleifmaschine und überschleift die vier Flächen in dünnem Span.

Das Bohrbild sehen wir in **Abb. 11**. Das „Ausbüchsen" der Bohrung für das Spindellager wird von vornherein vorgesehen. Die vier Bohrungen für die Abstandsbolzen werden 8H7 gerieben. Die beiden provisorischen M4-Bohrungen erhalten an der oberen Platte 90°-Senkungen (Ø 8) für die Senkkopf-Schrauben, die weder oben noch unten überstehen dürfen. Alle Bohrungen nach **Abb. 11** werden mit Ausnahme der sechs Bohrungen für den Druckring in der hinteren Platte im Koordinaten-Bohren eingebohrt. Diese bohrt man selbstverständlich von dem Ring ab (**Foto 6**).

Weil die Bohrungstiefe nur der Dicke der beiden Platten entspricht (20 mm), ist es wesentlich einfacher, die 44-mm- und 18H7-Bohrungen „auszuspindeln" (kurz ausragender Bohrstahl!). Beim Bohren liegt das Platten-Paket auf Beilagen (gestrichelt angedeutet), so dass die Bohrwerkzeuge durchfahren können.

Abb. 12 zeigt maßstäblich den Querschnitt durch die Buchsen des Spindellagers. Die schon bekannten Teile sind mit dünnen Linien nur angedeutet. Die hintere Buchse (a) ist relativ einfach zu drehen: Innendurchmesser nach Wälzlager-Außenring ausdrehen, Außendurchmesser nach vorhandener Bohrung in den Platten; bei der Gelegenheit die hintere Planfläche hochziehen. Für die vordere Buchse (b) schlage ich die Technologie der „ausgedrehten Klemmbuchse" als einzigen Garant für exakten Rundlauf vor: Die Bohrung der Buchse (b) wird vor-gebohrt und vor-ausgedreht, der Außendurchmesser wird nach der Bohrung in der Platte fertiggedreht; dabei die hintere Planfläche hochgezogen. Der Durchmesser des hinteren Rands wird fertiggedreht und die Buchse mit etwas Überlänge abgestochen. Im Backenfutter wird eine dünnwandige (2 mm Wandstärke) Klemmbuchse mit Absatz gespannt und nach dem Außendurchmesser der Buchse (b) ausgedreht (!) und die vordere Seite (a in **Abb. 13**) sauber plangedreht. Die

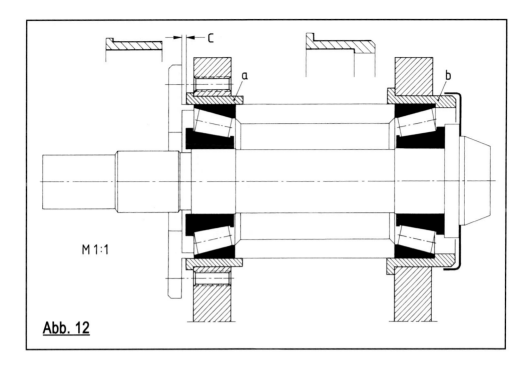

Abb. 12

Buchse (b) wird eingesetzt und das Backenfutter noch ein Stück geschlossen; sie also in der exakt rundlaufenden Klemmbuchse verklemmt. In dem Zustand kann der Innen-Absatz der Buchse (c) ausgedreht werden (gestrichelt in **Abb. 13, Foto 7**).

Auch bei dieser Konstruktion muss man die Längen so herstellen, dass am hinteren Ende ein Spalt (c) von wenigstens 0,5 mm bleibt, damit der Druckring alle drei Maschinenelemente nach vorn gegen den Bund der vorderen Buchse drücken kann. Das gesamte „Uhrwerk" wird nur dann stimmen, wenn die vier Abstandsbolzen maßgenau und in der richtigen Technologie hergestellt werden. **Abb. 14** zeigt vorerst zum Verständnis die Konstruktion eines Bolzens; **Abb. 15** dessen Maßzeichnung.

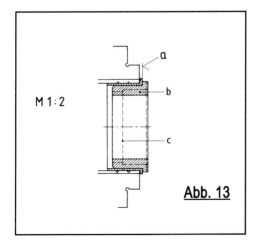

Abb. 13

Foto 7: Ausdrehen der Buchse (b) von Abb. 12 in einer ausgedrehten Klemmbuchse

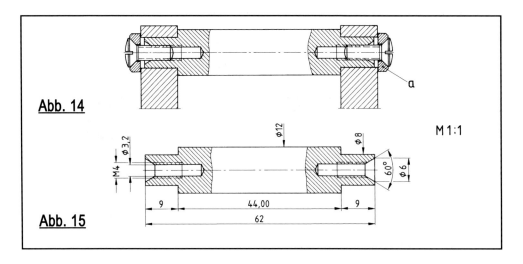

Abb. 14

Abb. 15

Die Herstellungstechnologie für die Teile, welche aus 12-mm-Automatenstahl gedreht werden:
1. Plandrehen auf Länge 62 mm, zentrieren bis Ø 6 und Kernlöcher bohren für M4,
2. M4-Innengewinde bohren,
3. Nachzentrieren (dabei ist der Zentrierbohrer im Backenfutter gespannt, eine geringe Drehzahl wird eingestellt, „geschoben" wird vorsichtig mit der Reitstock-Spitze, das Werkstück von Hand dazwischen gehalten),
4. Vordrehen der beiden Absätze auf Ø 8,5×8,8 mm lang,

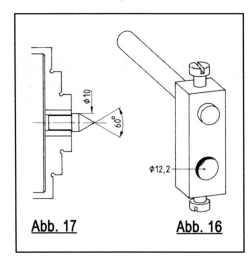

Abb. 17   **Abb. 16**

5. ein Drehherz nach **Abb. 16** wird hergestellt,
6. im Backenfutter wird nach **Abb. 17** eine „feste Spitze" angedreht,
7. in der Reitstock-Pinole wird eine zweite feste Spitze (mit Hartmetall-Einsatz) aufgenommen.

So können die Bolzen „zwischen zwei festen Spitzen" fertiggedreht werden. Wie das aussieht, zeigen **Abb. 18** und **Foto 8**.

An die Reitstock-Spitze wird etwas Fett gegeben; das Werkstück mit der Pinole nicht zu fest geklemmt. Weil man mit dem Reitstock-Handrad in der Regel zu fest drückt, habe ich das Handrad vorübergehend demontiert und mit den Fingern nur am Wellenstummel gedreht! Das Werkstück muss sich (bei stehender Maschine) noch leicht von Hand verdrehen lassen. Die Durchmesser 8 werden exakt passend zu den geriebenen Bohrungen in den Platten gedreht (Drehzahl nicht zu hoch). Wenn die Bohrungen genau „Null" sind, sollte Ø 7,99 richtig sein. Oft reiben Maschinenreibahlen jedoch etwas größer, besonders, wenn sie neu sind! Der Seiten-Drehstahl wurde vor dem Drehen der Zapfen neu scharfgeschliffen. Das zweitwichtigste Maß ist die Länge 44 in **Abb. 15**. Diese Länge muss bei allen vier Bolzen auf 1/100-mm gleich sein! Beim Drehen

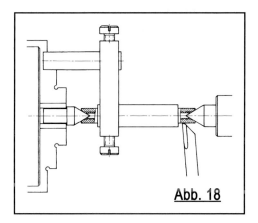

Abb. 18

Foto 8: Drehen der Abstandsbolzen. Die Klemmung der Pinole muss jedes Mal gleich kräftig erfolgen

des ersten Zapfens habe ich den Skalenstrich ermittelt, bei dem der Ø 8 stimmt. In der Folge habe ich stets zuerst einen Ø 8,1 angedreht, danach die Zapfenlänge 9 mm bzw. die Länge 44 angestochen und dabei 0,1 mm unter den Ø 8 gestochen. Erst danach wurde der Ø 8 mit einem letzten 0,1-mm-Span (Spantiefe 0,05 mm!) langgedreht. Die Unterlegscheiben (a in **Abb. 14**) sollten übrigens nicht zu dünn sein und eine schöne Fase haben. Am besten dreht man sie selbst.

Noch ein Wort zum Einkleben der Buchsen in Platten oder Blöcke: Man erreicht eine bessere Verklebung, wenn ein zusätzlicher Formschluss angestrebt wird. Das sieht in der Praxis so aus: Mit einem Zahnarzt-Kugelfräser fräst man von Hand zahlreiche Rillen in die Bohrungswandung. Bei den Buchsen kann man in die Außenfläche Rillen einstechen oder einfeilen. Der Kleber füllt diese Rillen aus und ergibt einen Formschluss als zusätzliche „Zwischenbuchse", man kann fast von einem „Verguss" reden (**Abb. 19**).

Abb. 20 zeigt die Ansicht der vorderen Platte ohne die Arbeitsspindel. Wenn man genau gearbeitet hat, wird es für eine sichere Klemmung der Wangen nicht nötig sein, dass man die Schlitze noch ein Stück nach oben in

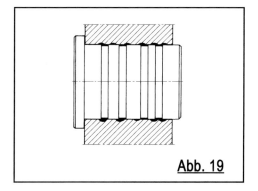

Abb. 19

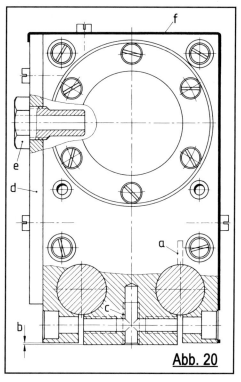

Abb. 20

die Platte führt (a). Es ist üblich, dass man die „bewegliche Backe" der Klemmung an der Unterkante etwas freisetzt (b). Unten erhalten die Platten in der Mitte Haltebohrungen (c), damit der Spindelstock auf dem Grundbrett angeschraubt werden kann. An der vorderen Seitenfläche des Spindelstocks kann eine nicht zu dünne Platte (d) angeschraubt werden. In Höhe der Arbeitsspindel erhält diese Platte eine eingesetzte Buchse (e). Hier kann später der Arretierstift für das Festsetzen der Arbeitsspindel eingesteckt werden. Die obere und die hintere Seite des (offenen) Spindelstocks werden mit einem überragenden Blech (f/dick ausgezogen) abgedeckt. Die vier Bohrungen für die provisorischen Schrauben kann man mit einem Harzverguss schließen.

4.1.1. Grundbrett

Der fertige Spindelstock wird mit zwei versenkten Schrauben an einen Sockel geschraubt und dieser an ein großes Grundbrett, welches die Außenabmessungen des Drehstuhls allseitig überragt. Das Grundbrett macht man so groß, dass die Schwenkhalterung für den Antriebsmotor, griffgünstig der Ein-Aus-Schalter, gegebenenfalls der Drehknopf für die Drehzahlregelung und die Riemen-Spanneinrichtung Platz finden. Günstig ist eine dickere Hartholzbohle. Der Sockel soll ausreichend hoch sein, damit man die Klemmknebel für Kreuzsupport und Reitstock gut bedienen kann. An die Unterseiten der Grundbretter meiner Maschinen habe ich ganzflächig Reststücke dicker Auslegware (Teppichboden) geklebt. So kann sich zumindest der Körperschall, den die Maschine erzeugt, nicht auf den Arbeitstisch übertragen – ein wichtiges Mittel zur Schalldämmung. Meine neue Maschine hat an der Grundbrett-Unterseite angeschraubte Gummifüße.

4.1.2. Arbeitsspindel

Die Arbeitsspindel wird aus Stahl C45k (Ø 35) sauber fertig gedreht und bleibt ungehärtet. Wir arbeiten nur selbst an der Maschine und

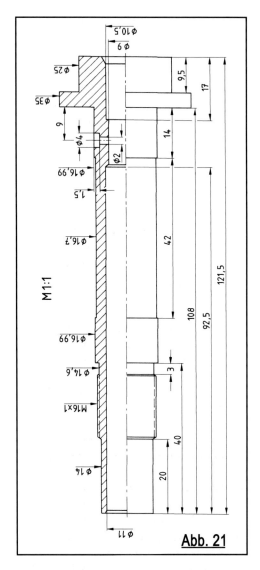

Abb. 21

achten stets darauf, dass die Aufnahme-Bohrung für die Spannzangen vor jedem Zangenwechsel, aber auch hin und wieder während der Arbeit, gründlich von Spänen befreit wird. Haben nach Jahren der Maschinennutzung tatsächlich Späne Druckmarken in den Zangenkonus gedrückt und laufen deshalb die Zangen nicht mehr richtig rund, kann man im Notfall den Konus mit feinstem Span nachdrehen. Am Schluss dieses Abschnitts reden wir als Variante von einer gehärteten Buchse im Spindelkopf. Außer der möglichen Verletzung des Zangenkonus sehe ich keinen Grund dafür, die Spindel zu härten. Ich denke, dass es in der Industrie nur einen weiteren Grund gibt, derartige Spindeln zu härten (Oberflächenhärtung): damit die Lagersitze ordentlich rundgeschliffen werden können. Und das wollen wir ohnehin nicht tun.

Die Maßzeichnung für das Vordrehen der Arbeitsspindel zeigt **Abb. 21**. In der Form passt die Spindel in den Spindelstock nach **Abb. 1**. Bei den anderen Spindelstock-Varianten müssen Formen und Maße angepasst werden. Sowohl der Zangen- als auch der Außenkonus am Spindelkopf wird für einen 100%igen Rundlauf erst auf dem eigenen Drehstuhl fertiggedreht, wenn die Maschine mit dem Kreuzsupport fertig ist. Die Arbeitsgänge sind vorerst:

1. Plandrehen auf Länge 121,5 mm,
2. Spindelkopfseite zentrierbohren, mit fabrikneuem 7-mm-Bohrer 70 mm tief vorbohren,
3. hinteres Ende zentrierbohren, mit fabrikneuem 7-mm-Bohrer Bohrung ganz durchbohren,
4. 92,5 mm tief Ø 10 aufbohren,
5. mit schlankem Bohrstahl möglichst tief auf Ø 10,7 ausdrehen,
6. 92,5 mm tief Ø 10,7 aufbohren,
7. 92,5 mm tief Ø 11 aufbohren (besser mit Maschinenreibahle reiben!),
8. etwa 1 mm breite 30°-Fase für (60°-) Zentrierspitze eindrehen,
9. Spindelkopfseite mit schlankem Bohrstahl möglichst tief auf Ø 8 ausdrehen,
10. ausdrehen Ø 10,5×17 mm tief,
11. etwa 2 mm breite 30°-Fase für Zentrierspitze eindrehen,
12. hinteres Ende „zwischen den Spitzen" Absatz Ø 17,5×108 lang andrehen,
13. Absatz Ø 15,8× 40 lang andrehen, (Außen-Ø für das Gewinde – 0,2!)
14. Absatz Ø 14×20 lang andrehen, (als Sitz für die spätere Riemenscheibe möglichst zu „Null" drehen),
15. Gewindefreistich 3 breit auf Ø 14,6 einstechen,
16. Gewindefase am vorderen Gewindeende anstechen,
17. Feingewinde M16×1 mit dem Stahl weitgehend vordrehen,
18. Feingewinde mit dem Schneideisen fertigschneiden,
19. Freistich Ø 16,7×42 einstechen,
20. beide Lagersitze Ø 16,99 sauber drehen,
21. zum Schluss bei dieser Seite vordere Planfläche (zum Ø 35) sauber drehen,
22. an Spindelkopfseite zwischen den Spitzen Absatz Ø 25×9,5 andrehen,
23. an alle Kanten feine 45°-Fasen anstechen,
24. in ausgedrehter Klemmbuchse wird auf den vorderen Ø 16,99 gespannt und so die Bohrung der Spindelkopfseite mit einem schlanken Bohrstahl möglichst tief auf Ø 8,5 ausgedreht,
25. Ø 8,8 ganz durchbohren,
26. Ø 9H7 ganz durchreiben.

Die Arbeitsspindel ist so vorgedreht. Nun kann der Zapfen für die Mitnahme der Spannzangen vorbereitet werden. 9 mm vom Bund entfernt wird zentrisch radial Ø 1,8 eingebohrt und auf Ø 2 aufgerieben. Mit einem 4-mm-Fingerfräser wird bei gleicher Einspannung eine Senkung für den Zapfenkopf exakt 1,5 mm tief eingestochen. Der eigentliche Zapfen kann nach diesen Bohrungen schon vorbereitet werden. Er kann stramm passen, wird aber noch nicht eingeschlagen, weil später erst die Spindelbohrung auf Ø 10 (Zangensitz) ausgedreht oder gerieben werden muss. Der 2-mm-Teil des Zapfens wird 2,9 mm lang angedreht. So ragt er später genau 0,9 mm tief in die Nuten der Spannmittel-Schäfte. Der 4-mm-Teil des Zapfens wird vorerst 1,7 mm lang hergestellt. Nach dem Einschlagen wird der überstehende Teil gerundet abgefeilt. Dabei wird die Lagersitzfläche möglichst nicht beschädigt.

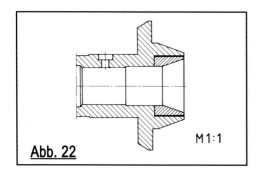

Abb. 22   M 1:1

Als Variante mache ich den Vorschlag, in den Kopf der Arbeitsspindel eine Silberstahlbuchse einzusetzen. Die Buchse ist auf den am meisten beanspruchten Teil der Zangenaufnahme, den Zangenkonus, beschränkt. In **Abb. 22** sehen wir die Dimensionen. Die Buchse wird vorgedreht. Ihr Außendurchmesser soll dabei für den Fall, dass sie sich beim anschließenden Härten leicht oval verzieht, nicht zu stramm in die Spindel passen. Sie wird nur außen blank geschmirgelt und hellgelb angelassen. Nun kann sie mit 2-K-Kleber (ich habe einen satten Strahl dünnflüssigen Sekundenkleber benutzt!) in die Ausdrehung der Arbeitsspindel eingeklebt werden. Man achtet darauf, dass der Kleber nur am Umfang der Buchse sitzt (dicke Linien in **Abb. 22**), dagegen die Buchse richtig hinten am Grund der Ausdrehung anstößt. Nach dem Einbau in die fertige Maschine kann nun der 40°-Zangenkegel mit kleinen Schleifkörpern (Bohrschleifer) rundlaufend ausgeschliffen werden (**Foto 9**). Dabei ist die noch dunkel verzunderte Oberfläche eine Orientierungshilfe dafür, wann das Schleifen beendet werden kann.

Foto 9: Ausschleifen der gehärteten Silberstahlbuchse. Wenn man an der Hinterkante des Konus schleift, kann man die Maschine im Rechtslauf drehen lassen. Auf dem Foto ist zu sehen, dass man die vordere Vierkantwange bei einigen Arbeiten auch etwas nach links verschoben im Spindelstock klemmen kann

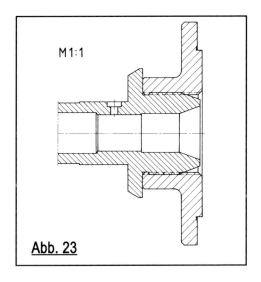

Abb. 23

In **Abb. 23** habe ich eine mögliche Form mit einem Norm-Feingewinde M22×1 konstruiert. Weil wir nicht auf den Außenkonus für die Ringfutter verzichten wollen, werden Arbeitsspindel und Anzugsrohr 7 mm länger. Der Futterflansch für ein 60-mm-Backenfutter ist angedeutet. Ein Außen-Feingewinde auf dem Spindelkopf macht Druck-Spannzangen, die mit einer Überwurfmutter angezogen werden, möglich. Wie eine solche Variante aussieht und wie man die Teile herstellt, habe ich in (1), Seite 54 bis 58 ausführlich beschrieben (siehe Literaturhinweise). Versieht man den Spindelkopf mit einem Feingewinde, muss eine Arretiermöglichkeit der Arbeitsspindel (wie in **Abb. 20** angedeutet) vorgesehen werden. Durch die hierbei nötige Querbohrung in der Arbeitsspindel (c) können Drehspäne nach außen in den Innenraum des Spindelstocks geschleudert werden. Hier können sie in die Wälzlager gelangen – verheerend! Deswegen muss man den Spindelstock nach **Abb. 24** etwas ändern. In die Abstandsbuchse werden zwei Ringe (a) mit schräger Innenplanfläche eingeklebt und in die Unterkante der

Üblicherweise erhalten Backenfutter nur einen Spanndorn, der die Form der Spannzangen-Schäfte hat. Diese Aufnahme ist nicht sehr stabil. Eine sichere und schwingungsstabile Futteraufnahme erreichen wir nur mit einer Flanschaufnahme, wozu ein Außen-Feingewinde auf dem Kopf der Arbeitsspindel nötig wird.

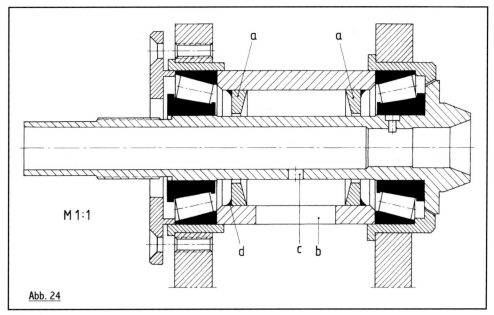

Abb. 24

a: zusätzliche Scheiben, b: Späneöffnung (ein Langloch), c: Arretierbohrung, d: Kleber

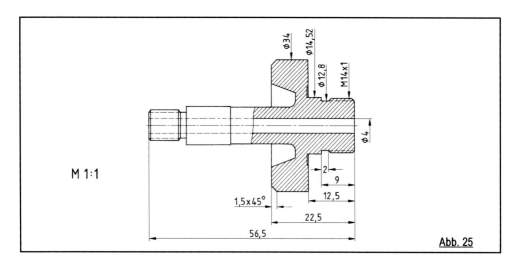

Abb. 25

Abstandbuchse wird eine große Öffnung (b) eingefräst. Bei einem „Platten-Spindelstock" nach **Abb. 12** können die Späne nach unten herausfallen. Ein massiver Spindelstock (**Abb. 1**) muss nach seitlich schräg unten eine eingefräste/-gebohrte Öffnung erhalten.

Beim Bau meiner eigenen Drehmaschine habe ich für das 64-mm-Dreibackenfutter der Firma emco (siehe **Foto 38** links, es hat eine besonders flache Bauweise des Futtergehäuses von nur 21 mm und eine Aufnahme-Bohrung M14×1) einen Aufnahme-Schaft nach Abb. 25 gedreht.

Dabei stützt sich der Flansch schön schwingungsfrei auf den 40°-Außenkonus der Arbeitsspindel. Auf dem 10-mm-Schaft liegt so nur noch eine Axial-Zugkraft, keine Biegekraft mehr. Das Backenfutter lief auf einem fliegenden Dorn mit M14×1-Gewinde nicht rund; die zylindrische Gewinde-Senkung in der Gehäuse-Rückseite war nur sehr grob auf einen Ø 14,18 ausgedreht. Deshalb habe ich mich entschlossen, diese Senkung auf Rundlauf nachzudrehen. Im Backenfutter habe ich an ein Materialstück einen zylindrischen 10-mm-Zapfen von etwa 20 mm Länge angedreht. Auf diesen Zapfen wurde das kleine Futter mit den Backen gespannt. So konnten die Plananlagefläche an der Gehäuse-Rückseite und die Gewinde-Senkung mit einem Feintaster auf Rundlauf geprüft werden (siehe **Foto 10**). Beide hatten erheblichen Schlag. Mit dünnem Span wurde die Planfläche nachgedreht und die Senkung habe ich auf einen Ø 14,52 sauber ausgedreht. Wenn man das Futter danach auf den Dorn nach **Abb. 25** nicht vollkommen aufschrauben kann, weil das Gewinde eigentlich auch nicht richtig rund läuft, kann man gegebenenfalls die Länge 9 mm noch kürzen. Die übrigen Maße des Futterdorns entnimmt man der **Abb. 137**. Es ist ohnehin sinnvoll, diesen Futterdorn zusammen mit dem Ringfutter-Satz zu drehen.

Bevor die Arbeitsspindel in den Spindelstock eingebaut werden kann, müssen Ab-

Foto 10: Rundlaufprobe an den Gehäuseflächen des emco-Backenfutters mit einem Feintaster

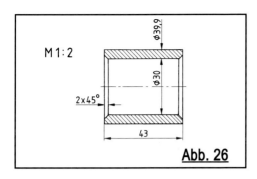

Abb. 26

standsbuchse, die Einstell- sowie die Kontermutter hergestellt werden. In **Abb. 26** finden wir die Maße für die Abstandsbuchse und in **Abb. 27** jene für die Einstell-Mutter (rechts) und die Kontermutter (links). Bei der Abstandsbuchse müssen beide Planflächen, wie schon erwähnt, absolut planparallel sein. Das erreicht man nur, wenn die Buchse in einer Einspannung fertig gedreht und sauber abgestochen wird (vgl. dazu auch in (3) S. 55/56 und Abb. 55, siehe Literaturhinweise). Dazu ist in diesem Fall ein mindestens 60 mm langes Materialstück nötig. Die „vordere" Innenfase 2×45° wird bei der ersten Einspannung mit angedreht. Die „hintere" Innenfase kann nach dem Umspannen eingedreht werden, sie muss nicht rund laufen. Auch die Außenkanten erhalten leichte Fasen.

Bei den beiden Muttern müssen alle Planflächen und die Innengewinde M16×1 zu-

sammen rund laufen; bei der Einstell-Mutter zusätzlich der Ø 25,3. Da die Abstechseite oft nicht ganz sauber wird, plant man ein Nachdrehen von vornherein ein. Die Muttern steche ich gering höher (6,3 bzw. 11,8 mm) ab. Nun dreht man im Backenfutter an ein 20-mm-Materialstück einen 10 mm langen Gewindezapfen M16×1 als fliegenden Dorn an und versieht ihn mit einem etwa 2 mm breiten Gewindefreistich. Es bleiben acht Gewindegänge, das genügt. Zuerst wird die Einstell-Mutter, mit der fertigen Seite voran, aufgeschraubt und auf 11,5 mm Höhe sauber plangedreht. Danach wird der Gewindezapfen auf 6 mm Länge gekürzt, die Kontermutter aufgeschraubt und auf 6 mm Höhe plangedreht. Hier bleiben noch vier Gewindegänge. Wenn man die Muttern beim Aufschrauben nicht zu fest anzieht, lassen sie sich nach dem Drehen auch wieder gut vom Dorn herunterschrauben. Die Muttern verklemmen durch die Spanabnahme – mit einem scharfen Drehstahl – nicht zu sehr. Der Drehstahl versucht – bei Rechtsgewinde! – die Mutter noch etwas fester anzuschrauben. Bei Linksgewinde-Muttern müsste man die Maschine rückwärts laufen lassen und die Späne „hinten" abheben. Und für ein Letztes muss gesorgt werden: auch an der zweiten Planseite beider Muttern muss eine Gewindefase angestochen werden. Auf die 30-mm-Ränder beider Muttern werden rundum je vier 4-mm-Radialbohrungen, gleichmäßig auf dem Umfang verteilt, 5 mm tief eingebohrt. Das macht man am besten, indem man sie fest auf den eben besprochenen Drehdorn schraubt und diesen in ein Waagerecht-Teilgerät. Nur wenn man die Muttern auf diese Weise sorgfältig herstellt, kann man mit ihnen das Spiel der Arbeitsspindel exakt einstellen.

Der Spindeleinbau und das Einstellen des Lagerspiels im Einzelnen (vgl. Abb. 1): Der Stützring wird mit den sechs M4-Senkschrauben fest an die vordere Stirnseite des Spindelstocks geschraubt. Nacheinander werden die Wälzlager-Außenringe und die Abstandbuchse

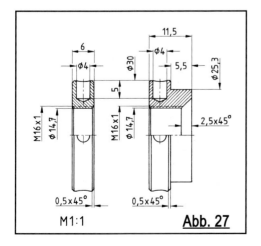

Abb. 27

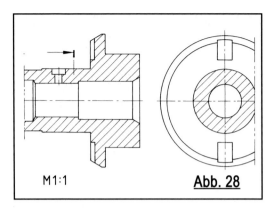

M1:1 **Abb. 28**

Foto 11: Die Riemenscheibe ist abgenommen. Dadurch werden die Einstell- und Kontermuttern sichtbar

in richtiger Reihenfolge und Richtung eingeschoben und mit dem Druckring angezogen. Der erste Innenring mit dem Rollenkäfig wird auf das Kopfende der Arbeitsspindel gesteckt und diese von vorn in den Spindelstock. Der Mitnehmerstift für die Spannzangen steckt noch nicht in der Arbeitsspindel! Jetzt dreht man den 35-mm-Rand bei 30° schräg stehendem Obersupport zwischen den Spitzen solange mit feinsten Spänen ab, bis dieser Rand nicht mehr am gegenüberliegenden, ebenfalls 30° schrägem Rand des Stützrings schleift. Dazu steckt man die Spindel zwischendurch immer in den Spindelstock. Das Wälzlager hat zu diesem Zeitpunkt noch keinerlei Schmierung, so dass Drehspäne schnell zu beseitigen sind. Wir wollen dabei erreichen, dass dieser Spalt so fein wie möglich ist.

Später muss der Innenring am Kopfende der Spindel wieder abgezogen werden, damit der Mitnehmerstift eingesteckt werden kann. Wenn der Innenring sehr fest auf den Sitz der Spindel aufgepasst wurde, gibt es hierbei Probleme. Es ist daher gut, wenn man in die Innenseite des 35-mm-Bundes vorsorglich gegenüberliegend zwei Vertiefungen nach **Abb. 28** eingestochen hat. Hier kann man mit zwei Schraubendrehern den Innenring gut von der Planfläche loshebeln.

Der Druckring wird wieder entfernt. An beiden Rollenkäfigen wird ein gutes Wälzlagerfett aufgestrichen. Die Spindel wird von vorn eingesteckt; hinten der zweite Innenring aufgeschoben. Mit dem Druckring werden die Außenringe wieder festgedrückt. Nun können Einstell- und Kontermutter aufgeschraubt werden (**Foto 11**). Für das Einstellen des Lagerspiels hat sich folgende Handlungsweise bewährt:

Die Einstell-Mutter wird so fest angezogen, bis die Spindel spürbar „fest geht". Die Kontermutter wird „handfest" gegen die Einstell-Mutter geschraubt. Würde man die Maschine so laufen lassen, wäre sowohl der Spindelstock – aber auch der Antriebsmotor wegen Überlastung – in wenigen Minuten überhitzt. Das Lagerfett verflüssigt sich dabei und läuft aus, die Lager würden zerstört. Deswegen wird die Einstellmutter stückweise zurück, gegen die Kontermutter gedreht. Dabei muss man in die Radialbohrungen der Muttern Dorne stecken. Mit einem Gummihammer (oder Alu-Dorn und Stahl-Hammer) wird nach jedem Zurückschrauben der Einstell-Mutter ein Schlag in axialer Richtung gegen das hintere Spindelende gegeben. Dabei sollte sich das Lagerspiel leicht lösen. Man muss diese Lösung auch beim Drehen der Spindel von Hand deutlich spüren. Eine richtig eingestellte Spindel darf den Spindelstock bei Dauerbetrieb, auch über Stunden, nicht übermäßig erhitzen.

An der Maschine gibt es zu späteren Zeitpunkten zahlreiche Montagearbeiten an Lagern und Gleitflächen. Zuvor habe ich alle Teile stets gründlich mit Waschbenzin ausgewaschen, damit vor allem feinste Bearbeitungsspäne (auch aus Gewindebohrungen) entfernt und die Teile je nach Situation mit einem Fett- oder Ölfilm versehen.

4.1.3. Spannzangenrohlinge

Wer eine Uhrmacher-Drehmaschine ohne Spannzangen, nur mit einem Backenfutter als Spannmittel bauen will, sollte es ganz lassen! Das Dreibackenfutter wird nur bei schätzungsweise 2-5% der Arbeiten benutzt. Der gesamte Satz Spannzangen wird aus Silberstahl zuerst von der Schaftseite her ohne Ausdrehen und Schlitzen hergestellt. Man muss vorher die Anzahl der Zangen festlegen. Für meinen Boley-Drehstuhl habe ich einen (Eigenbau-)Satz, der folgende Zangen umfasst: die Nenn-Ø 0,4 bis Ø 5,0 jeweils um 0,2 mm steigend. Dann folgen noch: 5,5 – 6,0 – 6,5 und 7,0. Dazu ist zu erklären, dass der Boley-Drehstuhl den kleinen, eigentlich bei vielen Uhrmacherdrehstühlen üblichen Schaft-Durchmesser von 8 mm hat (bei einem von mir selbst vor Jahren festgelegten Anzugsgewinde M7×075!). Nur bis zum Ø 4,00 kann bei mir Material durch die Zange (und Arbeitsspindel) als „Stange" verarbeitet werden. Ab Ø 4,2 sind die Zangen abgesetzt. Bei ihnen kann man Werkstücke oder Spannzapfen nur von vorn einstecken. Je größer die Durchmesser der Ausdrehungen werden, umso kürzer werden sie auch.

Unsere Zangen haben einen 10-mm-Schaft und M8×1-Anzugsgewinde (vgl. **Abb. 29**). Das sind schon günstigere Bedingungen. Dem Normal-Hobbywerker würde ich vorschlagen mit dem Nenn-Ø 1,00 zu beginnen. Diese Zange kann man mit zwei (!) Schlitzen 0,4 mm breit schlitzen. Je kleiner die Nenn-Ø werden, umso dünner müssen die Metall-Kreissägen für das Schlitzen sein. Meine 0,4-mm-Zange musste ich z. B. mit einer 0,15 mm breiten Kreissäge (sie hat nur einen Ø von 25 mm!)

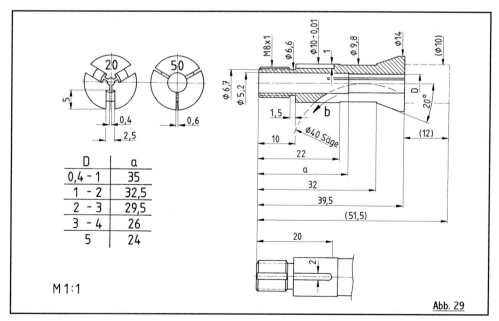

Abb. 29

schlitzen, damit noch zwei ausreichend große Halbschalen zum Spannen übrig blieben.

Vom Ø 1,0 bis zum Ø 4,0 würde ich die Zangen in 0,2-mm-Schritten steigend herstellen. Dann folgen noch: Ø 4,5 – 5,0 – 5,5 – 6,0 – 6,5 – 7,0 – 7,5 und Ø 8,0. Größer kann man die Nenn-Ø nicht machen, weil sonst die Wandstärke bis zum Freistich-Ø 9,8 zu gering wird. Diese Ausdrehungen würde ich nicht tiefer als 14 mm machen. Unter Umständen kann man den Zangensatz auch in 0,25-mm-Schritten herstellen, schließlich gibt es Wendelbohrer so gestuft. Die Reihe sieht dann so aus: Ø 1,0 – 1,25 – 1,5 – 1,75 – 2,0 usw. Ab Ø 2,0 gibt es im Normalfall schon Maschinenreibahlen.

Hat man die Anzahl der Zangen für sich festgelegt, gibt man noch einige mehr dazu, denn bei den einzelnen Arbeitsgängen kann oft etwas misslingen und dann ist es ungünstig, wenn man alles ohne Taktsystem von vorn nachholen muss. Die Arbeitsgänge in einer sinnvollen Reihenfolge:

1. Abstechen auf Länge 52 mm,
2. Vordrehen Ø 10,6×32 mm lang,
3. Vordrehen des Spannzapfens Ø 10,5×12 mm lang,
4. Fertigdrehen des Spannzapfens Ø 10,00×12 mm lang,
5. ab hier spannen auf dem Spannzapfen, Vordrehen des Gewindezapfens Ø 8,5×10 mm lang,
6. Vordrehen des 40°-Zangenkonus,
7. Fertigdrehen Ø 14 bis knapp an die Futterbacken,
8. Einstechen des Freistichs Ø 9,8 (Längenmaße 22 und 32, siehe Foto 12),
9. Fertigdrehen des Zangenkonus mit neu scharfgeschliffenem Drehstahl,
10. Fertigdrehen Ø 10 nach der geriebenen Bohrung in der (dann fertigen) Arbeitsspindel, für den Fall, dass die Reibahle etwas größer gerieben hat, kann es auch sein, dass die Schaft-Ø an den Zangen auch einen um Hundertstel-Millimeter größeren Durchmesser erhalten müssen,
11. Zentrierbohren am Gewinde-Ende,
12. Gewindefreistich Ø 6,6×1,5 mm breit (mit Spitzen-Unterstützung) einstechen (gewindeseitig 30° schräg!),
13. Gewindefase 30 – 45° am vorderen Gewindeende anstechen,
14. Fertigdrehen Gewinde-Ø 7,8×10 mm lang,
15. bei Silberstahl empfiehlt sich dringend ein Vordrehen des Feingewindes M8×1 mit dem Gewindestahl (mit Spitzen-Unterstützung),
16. Fertigschneiden des Gewindes mit einem Schneideisen,
17. Vorbohren Ø 4,5 × unterschiedliche Tiefen (a) (vgl. Tabelle in **Abb. 29**), je kleiner die Nenn-Ø sind, umso tiefer soll man die hintere Freibohrung Ø 5,2 gestalten,
18. Fertigbohren Ø 5,2.

Eine Alternative zum Vorschneiden des Feingewindes mit dem Stahl ist das Vorschneiden mit einem geschlitzten und aufgeweiteten Schneideisen (vgl. (2) Abb. 14 rechts). Ich habe ein altes M8×1-Schneideisen dafür entsprechend geschlitzt. Mit einem neuen Schneideisen habe ich die Gewinde dann nachgeschnitten! So habe ich auch ohne Gewindeschneideinrichtung einigermaßen schöne Feingewinde in Silberstahl erhalten. Nach **Abb. 30** wird jetzt ein Spanndorn gedreht, der eigentlich erst beim Schlitzen der Zangen benötigt wird. Auf den Rand des Ø 14 wird

Foto 12: Eindrehen des flachen Freistichs an den Zangen-Schäften

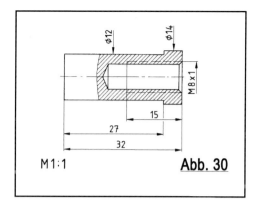

Abb. 30

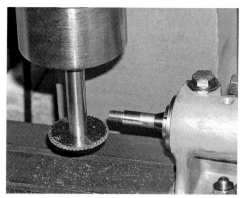

Foto 13: Mit einer 2 mm breiten Metall-Kreissäge werden die Längsnuten in die Zangen-Schäfte gefräst

an beliebiger Stelle eine Körner-Markierung gemacht. Alle vorgedrehten Zangen-Rohlinge werden nun nacheinander „handfest" in diesen Dorn geschraubt und auf den 10-mm-Zentrier-Durchmesser gegenüberliegend jeweils ein Körnerschlag gemacht. Genau an die Stelle des Körnerschlags kommt die 2 mm breite Längsnut. Wie das **Foto 13** zeigt, habe ich die Längsnut bei den Normalzangen mit einer 2 mm breiten Metall-Kreissäge eingesägt. Der Auslauf dieser Schlitzung reicht weit in den Freistich Ø 9,8 hinein. Bei anderen Zangen und Dornen habe ich aber auch mit einem 2-mm-Fingerfräser entsprechend der Zeichnung **Abb. 29** 20 mm lang genutet.

Die Sache mit den Körnerschlägen hat den Sinn darin, dass später beim Schlitzen die drei (zwei) Schlitze stets auf die gleiche Stelle kommen (ebenso die Größen-Markierungen mit Schlagzahlen!), ohne dass man ständig den Spanndorn im Teilgerät verdrehen müsste. Die Kanten der Längsnuten werden mit einer Nadelfeile sorgfältig entgratet, so dass sich die Zentrier-Durchmesser wieder in die Arbeitsspindel bzw. Reitstock-Pinole stecken lassen. Hat man die Nuten geringfügig tiefer als 1 mm gefräst, so müssen auch die Gewinde M8×1 nachgeschnitten werden.

Nun folgt das Abstechen des Spannzapfens bis auf einen winzigen Rest. Dazu kann man auf den Ø 10 spannen (Ms-Blech-Ring als Schutzring) oder (besser und sicherer) auf dem Spannzapfen selbst.

Nach dem Arbeitsgang 5. werden die Zangen für einen stets guten Rundlauf gleich verdreht im Backenfutter gespannt. Um das zu erreichen, macht man auf dem Umfang (Ø 14) eine Körnermarkierung. Ich habe die Zangen komplett mit einem selbst geschliffenen Seiten-Drehstahl (HSS-Drehling) mit schön gerundet eingeschliffener Spanrille gedreht. Das Zerspanungsregime sah etwa so aus: Drehzahl etwa 300 bis max. 400 U/min. Spantiefe 0,5 mm, Handvorschub etwa 70 mm/min, das sind 0,18 bis 0,23 mm/Umdrehung. Da Silberstahl ein recht wiederstandsfähiges Material ist, erwärmt er sich beim Drehen sehr schnell. Beim Andrehen des 32 mm langen Zapfens habe ich jeden Rohling nach jedem Span ausgespannt, damit er abkühlen konnte. Wenn man versucht, einen so langen Zapfen in mehreren, aufeinanderfolgenden Spänen fertig zu drehen, erwärmt sich das kleine Werkstück so stark, dass die Späne zuerst Anlassfarben annehmen und dann glüht die Schneide aus, der Stahl wird sofort stumpf. Man muss also dafür sorgen, dass die Schneide stets in relativ kühles Material eindringt! Bei einer Serie von Teilen, bei denen man ohnehin ohne zu messen nur nach den Skalenwerten arbeitet, ist es kein Problem, die Teile oft genug zum Kühlen auszuspannen. Wenn die Späne beim Drehen mit HSS-Drehlingen violett oder gar blau anlaufen, muss man die Drehzahl (also die Schnittgeschwindigkeit), die Spantiefe, oder den Vorschub oder alle drei radikal verringern. Die Alternative sind Hartmetall-Drehstähle. Doch die habe ich nie im Haus. Bei den Zangenrohlingen hätte ich gern den Versuch unternommen, ob meine kleine Drehmaschine für das Drehen mit Hartmetallstählen geeignet ist. Doch mit Geduld war auch diese Arbeit einmal fertig. Beim Zangenkonus und beim Ø 10 habe ich mit besonders langsamem Hand-über-Hand-Vorschub gearbeitet, damit Flächen „wie geschliffen" entstehen. Falls der Vordrehdurchmesser 10,6 mehr als 0,3 mm Radialschlag hat – bei mir war das so, weil das Backenfutter doch nicht so gut rund läuft – muss man vor dem Drehen der Passung einen weiteren feinen Span „auf Rundlauf" drehen. Versucht man einen unrund laufenden Zapfen zu einer Passung im Hundertstel-Bereich zu drehen, wird man kein exakt rundes Werkstück erzielen! Meine Maschinenreibahle hatte in der Arbeitsspindel und ebenso in der Reitstock-Pinole ziemlich genau 10,00 gerieben. Gedreht habe ich die Passungen an den Zangenschäften mit einem letzten 0,3-mm-Span (0,15 mm Spantiefe!) zum Ø 10,01 bis 10,02. Bereits beim zweiten Werkstück hatte ich den Skalenwert des Quersupports ermittelt, bei dem genau dieser Durchmesser entsteht. Ist der Drehstahl richtig scharf, wird er zuverlässig jedes Werkstück nahezu auf den Hundertstel-Millimeter gleich drehen. Zum Ende des Zangensatzes musste ich den Skalenwert um ctwa 0,02 mm nachregeln. Darin drückt sich aus, dass der Stahl während der Bearbeitung etwas stumpft. Die letzten beiden Hundertstel-Millimeter konnte ich mit einem guten, recht feinkörnigen Schmirgelleinen für Stahl (!) wegnehmen. Ein Streifen davon wird um eine Feile gezogen. Damit erreicht man Hochglanz dieser wichtigen Mantelfläche. Die schon fertiggedrehte Reitstock-Pinole lag bereit, damit ich das Aufstecken auf den jeweiligen Zangen-Schaft mit ihr prüfen konnte. Nach dem Vordrehen werden die Zangen solange beiseite gelegt, bis die Maschine soweit fertig ist, dass die vorderen Konturen mit den Bohrungen auf der Maschine selbst ausgebohrt/-gedreht werden können.

4.2. Rundwangen

Für die beiden Wangen verwenden wir Abschnitte von 18-mm-Silberstahl, die eigentlich nur plangedreht und angefast werden müssen. Wir verwenden Silberstahl aus mehreren gewichtigen Gründen: er ist (sorgfältig gelagert, getrennt und transportiert) exakt gerade, außerdem spitzenlos rundgeschliffen, er ist zu Null kalibriert (Ø 18,00) und herrlich fest und stabil. An den hinteren, ausragenden Enden dreht man größere Fasen als „Suchfasen" an (15° Supportverstellung). So lässt sich das Zubehör besser aufstecken.

Die in **Abb. 30a** angegebene Länge ist nur ein Vorschlag für den Normalgebrauch. Auch bei den alten Uhrmacherdrehstühlen gab es für besondere Arbeiten extra lange Wangen – ohne Minderung der Maschinengenauigkeit. Wenn beide Wangen im Spindelstock geklemmt sind, kann man zumindest die Parallelität der beiden Wangenachsen mit einem Digital-Messschieber prüfen. Stimmt sie nicht, so kann (sollte) man sie korrigieren. Dazu schabt man mit einem Dreikantschaber die Bohrungen im Spindelstock an entsprechender Stelle vorsichtig aus. Bei einem Spindelstock nach Variante 8 mit den recht kurzen Buchsen führt dieses Schaben zwangsläufig schneller zum Erfolg, als wenn man

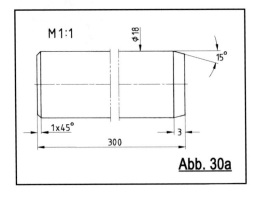

Abb. 30a

eine Bohrung so nacharbeiten muss, welche die gesamte Länge des Spindelstocks hat. Die waagerechte Lage der beiden Achsen kann man mit dem Lichtspalt-Verfahren prüfen, indem man die beiden geklemmten Wangen auf eine ebene Fläche (z. B. die Tischfläche der Fräsmaschine) legt.

4.2.1. Eine Wange mit Zentrierfläche

Die alten Uhrmacher-Drehmaschinen haben eine Rundwange mit einer angearbeiteten Fläche als Zentrierung. Sie sind gehärtet und allseitig geschliffen. Die Fläche kann oben oder auch seitlich sitzen. Der Gedanke liegt nahe, dass man für unsere Zwecke einen Silberstahl-Stab verwendet, an den nur noch die Fläche angearbeitet werden muss. Ich habe das schon getan. Mit dem „Erfolg", dass sich der ehemals vollkommen gerade Stab stark verbogen hat. Das geschieht wegen der einseitigen Wegnahme der „inneren Spannungen" eigentlich bei allen Stangen-Halbzeugen. Mit viel Glück wurde die verbogene Wange später unter einer großen Presse und mit Kontrolle durch ein Haarlineal geradegebogen.

Dabei muss man nicht auf das Glück hoffen, denn es gibt einen Weg, wie man einseitig Material abtragen kann, ohne dass am Ende alles verbogen ist. Etwas mehr Zerspanungsarbeit ist nötig. In **Abb. 31** habe ich schraffiert die einzelnen, zum Ende immer dünner werdenden Spanabnahmen dargestellt, die nötig sind, um den Fertig-Querschnitt (geschwärzt) zu erreichen. Nach dem ersten Frässpan ist die Wange leicht verbogen. Diese Verbiegung wird mit dem ersten, größeren Drehspan weggedreht. Dabei verbiegt sich wieder die vorher gerade Fräsfläche, die nun mit einem zweiten Frässpan überfräst wird. Weil der aber schon sehr klein ist, gibt es an der Drehfläche nur noch eine sehr geringe Verbiegung usw. Ich erkläre dieses Problem so ausführlich, weil es bei allen Spanabnahmen an Profilmaterialstücken – je nach den Umständen unterschiedlich stark ausgeprägt – auftritt. Auch bei den später herzustellenden Schwalbenschwanz-Führungen aus Flachmaterial soll man diese ungünstige Eigenschaft des Materials beachten und bewusst in die Technologie der Zerspanung einplanen.

Bei den Dreh-Arbeitsgängen wird die Wange „zwischen den Spitzen" gespannt. Beim Fräsen kann man die Wange, welche an beiden Enden provisorisch angedrehte Spannzapfen von exakt gleichem Durchmesser erhält (Zapfen am besten nach **Abb. 18**

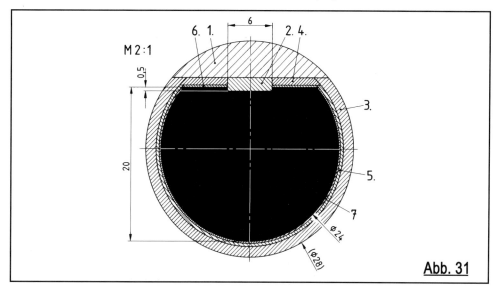

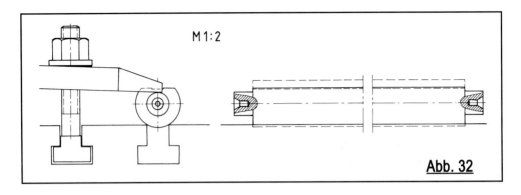

Abb. 32

fertig drehen), nach **Abb. 32** in eine Spann-Nut des Frästisches legen – sofern deren Fasen relativ genau angearbeitet sind! Nach der ersten Spanabnahme kann man das prüfen, denn das „Schlüsselmaß" 20 mm an beiden Enden der Wange muss am Ende möglichst auf 1/100-mm gleich sein. Wenn das nicht der Fall ist, kommt man um die Anfertigung von Spann-Unterlagen nicht herum. Man fräst ein etwa 20 mm langes Profilstück nach **Abb. 33**. An der Unterseite wird ein „Nutenstein" – passend für die Tischnuten – angefräst. Man macht das Profilstück bewusst deutlich asymmetrisch, damit die beiden Stücke nach dem Auseinandersägen stets in gleicher Richtung in die Tischnuten gesteckt werden. Nur so liegt die Wange später beim Fräsen immer schön parallel zur Tisch-Zugrichtung. Die verbesserte Spannung sieht nun nach **Abb. 34** aus. Auch der Durchmesser der Wange muss über die gesamte Länge vollkommen gleich sein. Hier muss man sich ganz auf das Drehen verlassen, denn eine Nacharbeitung mittels Feile, Dreikantschaber oder Schmirgelleinen ist durch den „unterbrochenen Schnitt" nicht möglich! Wer nicht auf „Null" drehen kann, hat nur noch die Möglichkeit des Rundschleifens – oder er baut die von mir favorisierten zwei Rundwangen ein.

Baut man nur eine Wange ein, muss sie einen größeren Durchmesser als 18 mm haben. Bei den übrigen Dimensionen unseres Drehstuhls soll er 24 mm betragen. 17 bis 18% des Durchmessers beträgt in der Regel die Abflachung, das wären bei 24 mm 4,2 mm. Es ist sinnvoll, die Höhe der Abflachung 4,00 zu machen. Die Zentrierfläche muss in der Mitte einen „Freistich" haben (Spanabnahme 2. in **Abb. 31**), der etwa 1/3 der Breite beträgt. Man macht eine solche Freiarbeitung in ähnlichen Fällen immer. Lässt man sie weg, wird sich die Fläche nach Jahren der Nutzung (die Zubehörteile der Maschine werden relativ oft verschoben) gerundet abnutzen (übertrieben in **Abb. 35** dargestellt). Eine richtige Zentrierung ist nun nicht mehr möglich. Bei einer mittigen Freifläche gibt es auch eine Abnutzung. Doch diese ist meist an beiden Seitenflächen gleich; das Maschinenteil sackt nur einen geringen Betrag tiefer – die Zentrierung bleibt weitgehend erhalten.

Es lohnt der Versuch, die Wange mit Zentrierfläche aus stranggegossenem Grauguss herzustellen. Dieses Material kann man auch bei den einschlägigen **Halbzeug-Händlern**

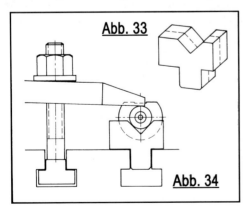

Abb. 33

Abb. 34

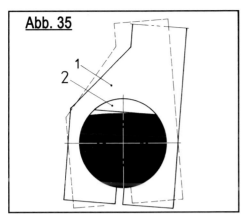

1: Maschinenzubehör (z. B. Reitstock),
2: Zentrierstein

kaufen und soll sich bei Bearbeitung nicht oder kaum verziehen – versuchen! Ebenso ist unter Umständen die Herstellung der Teile für die Schwalbenschwanz-Führungen aus Grauguss anzuraten.

4.2.2. Zentriersteine

Zur Wange mit Zentrierfläche gehören Zentriersteine in den Gegenstücken: Spindelstock, Kreuzsupport, Reitstock usw. Diese müssen ebenso exakt hergestellt werden, wenn sie ihre Funktion erfüllen sollen. „Durchmessermaß" der Rundung, ihre genaue Dicke und die Parallelität der beiden Umfangsflächen müssen gewährleistet sein. Vergleichbar mit der eben besprochenen Freifläche in der Mitte der Wange ist es besser, wenn man nicht nur einen Stein, der über die gesamte Länge (z. B. des Spindelstocks) reicht, in die Maschinengrundkörper einbaut, sondern zwei Stück, je etwa 25% der Länge, am hinteren oder vorderen Ende. Man kann auch einen langen Stein einbauen, der aber an der ebenen Fläche in der Mitte einen „Freistich" von rund 50 % der Länge bekommt.

Die Technologie der Herstellung der kurzen Steine, die eine Länge von je 18 mm bekommen, möchte ich nun beschreiben: Man benötigt dazu einen Spanndorn mit den Maßen nach **Abb. 36**. Der Spannzapfen-Ø 10×30 muss sowohl für eine Spannung im Backenfutter als auch für eine Spannzangenspannung genau „Null" gedreht und exakt zylindrisch sein. Bei Spannung im Backenfutter der Drehmaschine die schon bekannte Körnermarkierung auf den Ø 23 anbringen. Die beiden Spannflächen (a) werden auf einem Waagerecht-Teilgerät angefräst. Das „Schlüsselmaß" 16 muss möglichst auf 1/100-mm stimmen. Auch die Gewindebohrungen M3 werden auf dem Teilgerät von beiden Seiten (!) 7 mm tief eingebohrt. Sie müssen exakt in der Mitte der Flächen liegen. Aus Flachstahl 20×4 mm werden nach **Abb. 37** 18 mm lange Abschnitte gefräst und mittig mit einer 3-mm-Bohrung versehen. Mit einem 90°-Senker werden die Bohrungen von beiden Seiten auf die unterschiedlichen Durchmessermaße 6 und 7 mm gesenkt. Man stellt dazu am besten den Tiefen-Anschlag ein. Wenn man eine M3-Senkkopf-Schraube von der 6-mm-Seite in die Bohrung steckt, muss die Oberkante des

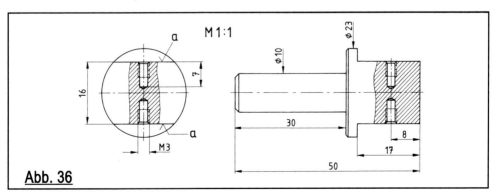

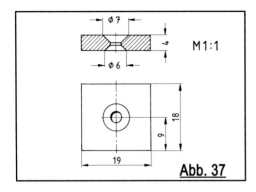

Abb. 37

Kopfes „unter der Fläche" liegen. Die andere Seite muss auf 7 mm etwas größer gesenkt werden, damit der Schraubenkopf beim anschließenden Andrehen der Ø 24-Rundung ebenfalls „unter der Fläche" bleibt. Die zweite Senkung ist später nötig, wenn der Stein in der Bohrung des Maschinenteils befestigt wird. Wie das geschieht, wird weiter unten beschrieben.

Jeweils zwei Steine werden auf den Dorn geschraubt und nach **Abb. 38** auf einen exakten Ø 24 überdreht. Weil die Haltekraft der M3-Schrauben recht gering ist, muss dieses Überdrehen mit sehr geringer Spantiefe pro Span durchgeführt werden. Wer diese Arbeit etwas beschleunigen will, kann die Steine mit zwei Schrägen 30°×3 mm tief, wie in **Abb. 38** links oben angegeben, vorfräsen.

Zum Einbau der Steine in den Spindelstock: Die Art nach **Abb. 38** ist dafür gedacht, dass die Fläche der Rundwange waagerecht und oben liegt. Das ist bei den meisten Uhrmacherdrehstühlen so. Wie die Stirnansicht des Spindelstocks dabei aussieht, zeigt uns **Abb. 39**. Nach dem Koordinaten-Ausspindeln der beiden Bohrungen erhält der Klotz unten einen Schlitz. Der muss so breit sein, damit man mit den (verlängerten) Bohr- und Gewindeschneidwerkzeugen für den Einbau der Steine durchfahren kann. Bei der Gelegenheit fräst man auch eine Freifräsung von etwa 0,5 mm an die „bewegliche Backe" der Wangenklemmung und bohrt zwei M6-Haltegewinde (a) in die „feste" Backe. Danach

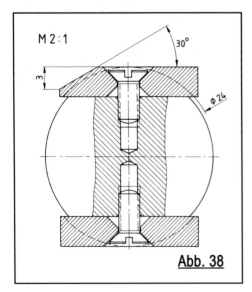

Abb. 38

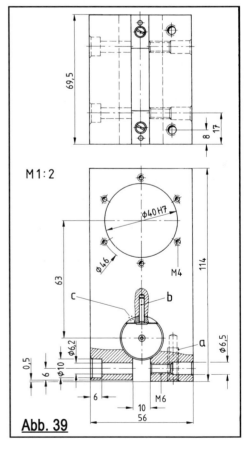

Abb. 39

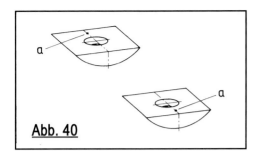

Abb. 40

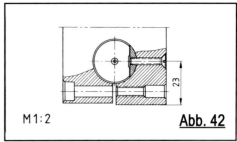

M 1:2   Abb. 42

werden die M6-Bohrungen für die Wangenklemmung gebohrt.

So vorbereitet, können die Steine montiert werden. Sie erhalten auf der geraden Fläche mittige Körnerschläge (a in **Abb. 40**) und werden bündig zu den Stirnflächen in den Spindelstock gelegt. Die fertige Wange wird eingeschoben. Jedoch nur soweit, dass eine Körnung nicht verdeckt wird (**Abb. 41**). Nachdem die Wangenfläche rechtwinklig im Spindelstock ausgerichtet wurde, kann sie so geklemmt werden und an die Stelle der Körnung wird eine 2,8-mm-Bohrung (überlanger oder verlängerter Normalbohrer) für einen 3-mm-Zylinderstift (b in **Abb. 39**) gebohrt und auf 3 mm aufgerieben. Bevor man alles wieder auseinander baut, erhalten die Stirnflächen leichte Körnerschläge zur Markierung der richtigen Einbaulage (c in **Abb. 39**). Die Wange wird entfernt und der 3-mm-Zylinderstift eingesteckt. Nun kann die M3-Haltebohrung in den Spindelstock gebohrt werden. Das Körnen dazu macht man am besten mit einem selbstgedrehten, gehärteten (Silberstahl-)Zentrierkörner. Man kann aber auch mit einem 3-mm-Wendelbohrer an- und mit dem 2,4-mm-Kernlochbohrer tiefbohren. Nachdem man den Stein mit dem Zylinderstift herausgezogen und eine flache Gewindesenkung angebohrt hat, kann das Gewinde mit ebenfalls verlängerten M3-Bohrern gebohrt werden. Eine M3-Senkkopf-Schraube hält den Stein. Der zweite Stein wird in gleicher Weise eingebaut. Dabei ist der erste montiert und die Wange wieder wie oben geklemmt.

Nichts spricht dagegen, die Fläche der Wange senkrecht und „hinten" anzuordnen (**Abb. 42**). In dem Fall würde man die Durchgangs-Bohrungen (**Abb. 37**) bei den Steinen 3,2 mm bohren und die 6-mm-Senkungen weglassen. Gleich nach dem Andrehen der gewölbten Steinflächen können die 3,2-mm-Bohrungen in M4-Gewinde aufgebohrt werden. Die Senkrechtstellung der Wangenfläche erreichen wir schon durch die Einhaltung des Höhenmaßes 23 mm. Dazu muss gesagt werden, dass diese keinesfalls 100%ig stimmen muss. Zur Lagebestimmung der Steine erhalten sie auch hier Stiftbohrungen und Körnermarkierungen in die Stirnflächen. Die übrigen Maße entsprechen denen der **Abb. 39**. Die senkrechte Anordnung der Wangenfläche hat den Vorteil, dass man bei allen Maschinenteilen ohne verlängerte Bohr- und Gewindewerkzeuge auskommt.

4.2.3. Vierkant-Wangen

Die ersten Uhrmacher-Drehbänke hatten eine Wange mit dem Querschnitt eines spitzwinkligen Dreiecks – die Spitze nach oben. Das hatte den Vorteil, dass Späne auf den steilen Flächen nicht liegen blieben. Ich mache den

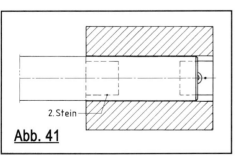

Abb. 41

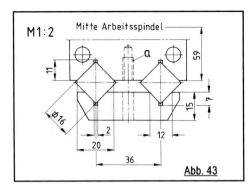

Abb. 43

Vorschlag, zwei auf der Kante stehende Quadrat-Stäbe aus stranggezogenem Automatenstahl 16×16 mm als Wangen zu benutzen. Auch Automatenstahl ist schön gerade, maß- und winkelgerecht. Sehr sinnvoll einbauen kann man derartige Vierkant-Wangen in einem Spindelstock nach Variante 8.

Die **Abb. 43** zeigt, wie das Plattenpaket nach dem Koordinaten-Bohren bearbeitet wird und wie die Klemmung der Vierkant-Stäbe erfolgt. Es ist nur der untere Teil des Spindelstocks mit dem Maß zur Arbeitsspindel-Mitte gezeichnet. Die übrigen Maße entsprechen der **Abb. 11**. Ein Maschinen-Schraubstock wird ausreichend weit seitlich auf dem Fräsmaschinentisch aufgestellt und seine feste Backe mit einem Feintaster zur Zugrichtung des Längssupports ausgerichtet. Das Plattenpaket wird eingespannt und in den 45° schräg gestellten Fräskopf ein Finger- oder Schaftfräser von mindestens 18 mm Durchmesser gespannt. So können die beiden Prismen-Nuten auf ihre Breite von 20 mm eingefräst werden. Damit die Seitenflächen sicher anliegen, macht man das richtig so: Die Nuten werden bis auf wenige Zehntel-Millimeter vorgefräst. Dann sägt man einen Eckenfreistich ein. Weil das Paket nur 20 mm dick ist, kann das hier mit der Handbügelsäge gemacht werden. Ich habe es allerdings mit einem 2-mm-Fingerfräser gemacht. Danach werden die Nuten auf gleiche Tiefe fertiggefräst. Den Eckenfreistich soll man nicht weglassen. Schon wenn der Fräser an den Schneidecken leicht, kaum sichtbar

gerundet ist, würden die meist schön scharfkantigen Vierkantstäbe auf der Innenecke herumkippeln.

Das Abstands-Maß 36 mm wird beim Plattenpaket und später auch beim Grundkörper des Kreuzsupports und beim Reitstock-Grundkörper im Koordinaten-Fräsverfahren vollkommen gleich angefahren. Das heißt, beide (!) Nutmitten werden in der gleichen Zustellrichtung angefahren, was natürlich auch für die unten anhängenden Klemmplatten gilt. Jeweils in der Mitte werden M6-Bohrungen (a) angeordnet. Hier werden für das Klemmen der Wangen zwei Klemmschrauben eingedreht. Auf halber Länge der am Spindelstock anhängenden Platte habe ich mittig eine M10-Bohrung gebohrt. Dort wird der aus mehreren Teilen nach **Abb. 44** bestehende Maschinenfuß mit einer M10-Schraube angeschraubt. Die wichtigsten Maße dieses bedeutungslosen Teils habe ich angegeben. Mit dem Bodenflansch dieses Fußes wird die Maschine auf das (Holz-)Grundbrett geschraubt. Auch die Klemmplatte bei meiner Maschine habe ich aus einer zufällig vorhandenen Alu-Platte hergestellt.

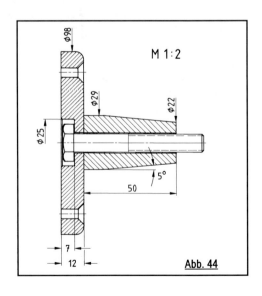

Abb. 44

4.3. Kreuzsupport

Wir haben acht Arten der Herstellung für den Spindelstock und vier für die Wangen kennengelernt. Rein rechnerisch ergeben sich 32 verschiedene Ausführungen, wie man den Spindelstock mit dem „Maschinenbett" bauen könnte. Besonders die Ausführung der Wangeneinbindung und die geringen Maßabweichungen dabei haben Einfluss auf die Form des Quersupport-Grundkörpers. Bei der Konstruktion des gesamten Kreuzsupports **(Fotos 14 und 15)** habe ich mich eng an jenen gehalten, den ich vor etwa 30 Jahren für mein „Geschenk" (Vorwort) gebaut habe. Die Maßproportionen habe ich – wie schon für die Spannzangen – jetzt leicht vergrößert, etwa auf 125%. Eigentlich müßte der Kreuzsupport korrekt Kurbel-Kreuzsupport heißen, denn es gibt für die Serienherstellung von Drehteilen den nicht weniger wichtigen Hebel-Kreuzsupport mit einstellbaren Anschlägen. Eine Stichelauflage wollen wir nicht bauen. Der Uhrmacher hat in alten Zeiten viele Drehteile – selbst feinste Wellenzapfen – „gestichelt".

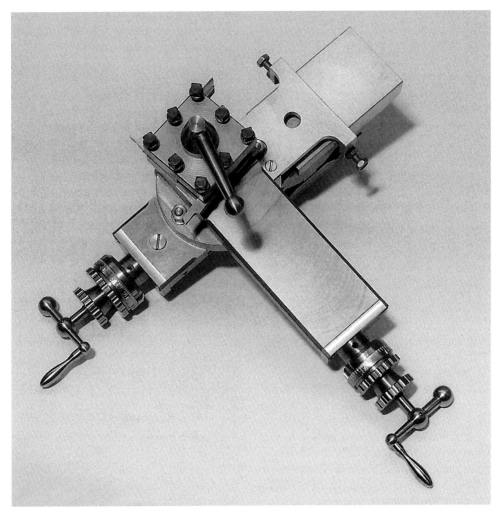

Foto 14: Draufsicht auf den fertigen Kreuz-Support. Sehr schön ist hier der angebaute Justierarm sichtbar

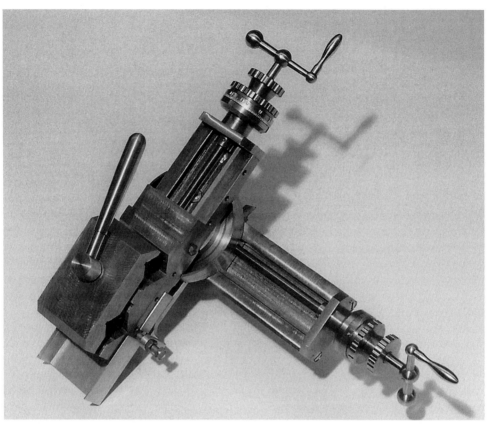

Foto 15: Unteransicht des Kreuz-Supports. Der seitliche Versatz der Obersupport-Spindel ist erkennbar und der Klemm-Knebel hat bereits seine Verlängerung

Das ist eine Art Metall-Drechseln. Die Einführung von Kurbel-Supporten hat die Handfertigkeit des Stichelns ersetzt.

4.3.1. Quersupport-Grundkörper

Der Grundkörper für den Quersupport wird in Arbeitslage auf der(n) Wange(n) geklemmt und bleibt dort bis zum Ende der Drehbearbeitung oder bei Massenteilen bis zum Ende des jeweiligen Arbeitsganges unverrückt stehen. Die Querdurchbrüche müssen der(n) Wange(n) entsprechen. Die Schlittenführung (Schwalbenschwanz-Führung) muss nicht 100%ig waagerecht liegen. Bei zwei Wangen ist die Waagerechtlage von selbst gegeben. Bei der Rundwange wird die Waagerechtlage durch den Einbau der Steine bestimmt.

In **Abb. 45** ist der Grundkörper für eine Rundwange mit obenliegender Zentrierfläche gezeichnet. Ich möchte die Herstellung für diesen Grundkörper ausführlich erklären. Bei den Varianten für andere Wangenausführungen beschränke ich mich nur auf die Besonderheiten. Ein 87 mm langer Abschnitt eines Vierkant-Automatenstahls 40×40 mm wird auf die Fertiglänge 85 gefräst. Wer die Möglichkeit hat, diesen Klotz in einem großen Vierbackenfutter oder auf der Planscheibe zu spannen, sollte sie nutzen, denn so plangedreht werden die Stirnflächen am genauesten. Die Mitte für die 24H7-Bohrung wird angerissen, gekörnt und zentriergebohrt. Weil wir vorerst der oberen Schwalbenschwanz-Fläche (b) noch 0,5 mm Aufmaß geben, verwenden

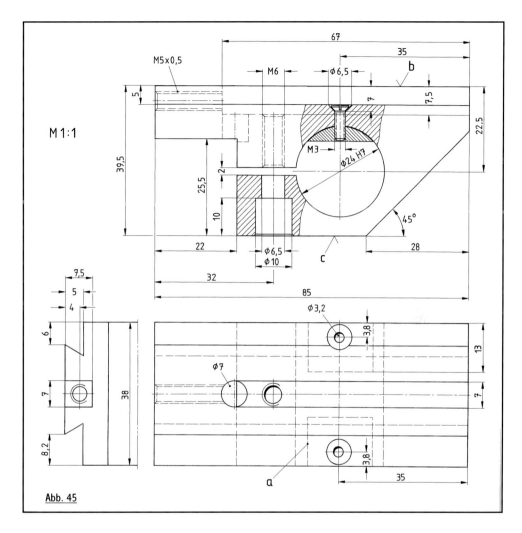

Abb. 45

wir dazu die Anreißmaße 35 und 23 (statt 22,5). Die 24-mm-Bohrung kann wie beim Spindelstock auf der Fräsmaschine mit einem Bohrkopf ausgespindelt oder auf der Drehmaschinen-Planscheibe ausgedreht werden. In beiden Fällen muss man sich die An- oder Auflagefläche gut merken (am besten markieren). Nach dieser Fläche wird später beim Fräsen der Schwalbenschwanz-Führung mit dem Feintaster ausgerichtet.

Bei dieser Gelegenheit möchte ich eine weitere, interessante Möglichkeit erwähnen, wie man die Bohrung (besser: den Durchbruch) für die Wange in den Grundkörper einarbeiten kann, vielleicht hat jemand die Gelegenheit dazu? Ich rede vom Senk-Erodieren. Für dieses moderne Metallbearbeitungsverfahren werden in der Regel zwei Kupfer-Elektroden benötigt, die den exakten Querschnitt (minus rundum ein bestimmtes Untermaß für den Erodierspalt) der Wange haben: eine Schrupp- und eine Schlicht-Elektrode. Damit nicht unnötig viel Material weggefunkt werden muss, sollte man in diesem Fall die „Bohrung" mit Ø 18 oder Ø 19 vorbohren. So funktioniert auch die notwendige Spülung besser. Das Senk-Erodieren findet bekanntlich in einer Flüssigkeit statt und das

„zerstörte" Material wird mit einem Strahl dieser Flüssigkeit weggespült. Über die genauen Voraussetzungen, vor allem bezüglich der Beschaffenheit der Elektroden (Maßhaltigkeit, Exaktheit der Flächen), reden Sie vorher mit dem Erodierer. Draht-Erodieren oder das Scheiden des Durchbruchs mit einem Laserstrahl sind weitere denkbare Möglichkeiten. Doch auch hier muss man mit einem Fachmann reden (Branchen-Telefonbuch). Im Falle des Quersupport-Grundkörpers hätte das Verfahren den Vorteil, dass wir wegen des völligen Wegfalls der Steine mehr „Höhe" zur Verfügung haben. Die Technologie des Senk-Erodierens ermöglicht zudem andere als runde Querschnitte. Ohne Probleme kann man einen Quadrat-Durchbruch durch Spindelstock, Quersupport-Grundkörper und Reitstock arbeiten. Dabei würde ich – ein weiterer Denkanstoß – beim Spindel- und Reitstock in gleicher Einspannung die Bohrungen für die Wälzlager und die Reitstock-Pinole mit einfunken. Dabei würden beide Teile zugleich in der Erodier-Wanne gespannt. Weil die Achsenabstände auf der Erodiermaschine auf 1/1000 mm genau einzustellen sind, kann das Eingießen der Gleitbuchse im Reitstock ganz entfallen. Beim Quadrat-Durchbruch müsste man anschließend mit einer X-förmigen Elektrode die Eckenfreistiche noch einarbeiten.

Doch zurück zu unserem Bau. Nachdem die große Bohrung fertig ist, wird die Fertigbreite 38 mm des Grundkörpers gefräst. Als nächstes würde ich die beiden 3,2-mm-Haltebohrungen für die beiden Steine einbohren. Die Maße 3,8 mm werden dabei per Koordinaten-Bohren angefahren. Gleichzeitig werden die Kopfsenkungen für die M3-Senkkopf-Schrauben mit einem 6,5-mm-Wendelbohrer, der vorübergehend einen 90°-Anschliff erhält, 7,5 mm tief eingebohrt. Der Klotz wird umgedreht und so im Maschinen-Schraubstock gespannt, dass die Stufe 22×25,5 tief gefräst werden kann. In gleicher Einspannung fräst man die 45°-Schräge 28 mm lang an und mittig wird 32 mm vom vorderen Ende die 4,8-mm-Kernloch-Bohrung für das M6-Gewinde gebohrt. Diese Bohrung wird zuerst 17 mm tief auf Ø 6,5 aufgebohrt und danach mit einem 10-mm-Fingerfräser 10 mm tief aufgesenkt. Die obere Kante senkt man leicht 90°.

Der Block wird wieder umgedreht und mit der Fläche (c) auf dem Grund des Maschinen-Schraubstocks aufliegend gespannt. Jetzt wird mit einem Feintaster, wie schon oben angedeutet, geprüft, ob die markierte Fläche exakt zur Zugrichtung des Längssupports liegt und notfalls die Lage des Schraubstocks geändert. Falls hier etwas nicht stimmt, wird unsere Drehmaschine später keine exakten Planflächen herstellen können. Wenn die Richtung dann stimmt, wird zuerst mit einem 6-mm-Fingerfräser die Freinut 7 mm breit×8 mm (1) tief genau in der Mitte und 67 mm lang eingefräst. Es ist dabei sehr hilfreich, wenn am vorderen Ende mit einem 7-mm-Fingerfräser „vorgestochen" wird (gestrichelt eingezeichnet). Jetzt werden die beiden Stufen für das Schwalbenschwanz-Prisma mit einem Fingerfräser vorerst mit Aufmaß vorgefräst: Die linke Stufe 5 mm tief (wir haben auf der oberen Fläche immer noch 0,5 mm Aufmaß!)×6 mm breit. Die rechte Stufe wird 2,2 mm breiter, nämlich 8,2 mm. Auf dieser Seite gleitet später die 2 mm dicke Klemmleiste für das Einstellen des Supportspiels. Auch die beiden Schrägen werden mit dem 60°-Schwalbenschwanz-Fräser vorerst nur vorgefräst. Danach wird die obere Fläche mit einem Fingerfräser auf die Fertighöhe 39,5 überfräst. Diese Fläche liegt später frei, sie ist keine tragende Gleitfläche.

Nun wird die Schwalbenschwanz-Führung fertig gefräst. Man stellt dabei zuerst die Fertigtiefe 5 mm ein. Dabei muss die untere Fläche gefräst werden. Diese Tiefe lässt man auch für die andere Seite stehen. Die beiden Schrägen werden solange mit feinsten Spänen überfräst bis die obere 60°-Ecke nach Sicht scharfkantig erscheint. Die Schwalbenschwanz-Fräser sind immer geradverzahnt. Dadurch kommt es auf kleinen Tischfräsmaschinen regelmäßig zum gefürchteten „Rattern". Für Abhilfe sorgt das Einstellen einer relativ geringen Fräserdrehzahl, ein Schmiermittel und unter Umständen Gleichlauf-Fräsen bei mäßigem Vorschub. Erst nachdem die oberen Schwalbenschwanz-Ecken scharfkantig gefräst sind, werden sie mit einer Feile (besser mit einem 90°-Kantenfräser) etwa 45° zu einer etwa 0,5 mm breiten Fase gebrochen. Zum Abschluss wird das M6-Innengewinde für den Klemmknebel eingeschnitten und mit einer Bügelsäge von Hand der Klemmschlitz eingesägt und entgratet. Das M5×0,5-Innengewinde für die Supportspindel ist in meiner Zeichnung zwar bemaßt, es wird jedoch vorerst weder das Kernloch gebohrt noch das Gewinde geschnitten. Beides geschieht erst, wenn alle Teile des Supports fertig gebaut sind und durch die sogenannte Kopfplatte (als Bohrlehre) das Kernloch auf den Grundkörper abgebohrt werden kann.

In den Quersupport-Grundkörper werden zwei 13 mm lange Zentriersteine (a) eingebaut. Sie werden nach der Technologie, wie bei **Abb. 36** bis **38** gezeigt, hergestellt. Die Besonderheit besteht darin, dass sie neben der 3-mm-Durchgangs-Bohrung noch eine M3-Bohrung erhalten und nach dem Andrehen der Rundungen von 18 mm auf 13 mm Länge gekürzt werden (**Abb. 46**). Auch bei diesen Steinen werden vor dem Einbau alle Kanten leicht gebrochen. Es ist darauf zu achten, dass die Köpfe der M3-Senkschrauben „unter der Fläche" der Schwalbenschwanz-Gleitfläche liegen.

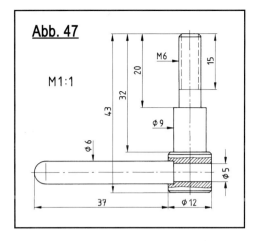

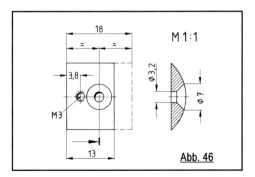

Nach **Abb. 47** wird eine M6-Knebelschraube gedreht. Der Grundkörper wird auf die Wange gesteckt und die Knebelschraube so fest angezogen, dass er sicher geklemmt ist. Nach vorn – leicht nach links ragend – wird die Stelle am Kopf der Knebelschraube mit einem Körnerschlag markiert, an welcher der Knebel eingebohrt wird. Der Knebel kann durch einen Querstift gesichert, eingenietet oder festgelötet werden.

Wie der Grundkörper bei senkrechter Zentrierfläche der Wange aussieht, habe ich in **Abb. 48** gezeichnet. Die übrigen Maße und die Herstellung entsprechen weitgehend dem Teil von **Abb. 45**. Auch hier dürfen die Gewindeenden der Halteschrauben nicht aus den Steinen herausragen. Für eine bessere Anlage der Zentrierfläche ist eine Klemmung nach **Abb. 49** mit senkrechter Schlitzung vorzuziehen. Dabei braucht es eine etwas längere Klemmschraube und einen höheren Grundkörper. In der Zeichnung ragt der Knebel nach oben. In der Praxis richtet man es so ein, dass er im angezogenen Zustand etwa waagerecht nach rechts zeigt.

In **Abb. 50** sehen wir die Seitenansicht bei zwei Vierkant-Wangen komplett mit der unten anhängenden Klemmplatte und dem Klemmknebel. Diesen Grundkörper musste ich fräsen. Anfangs hatte ich die Befürchtung, dass sich der Körper beim Klemmen

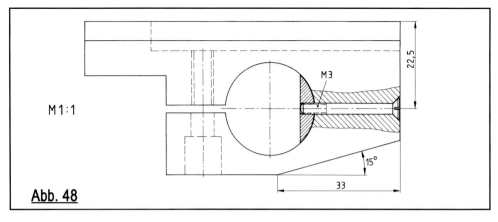

Abb. 48

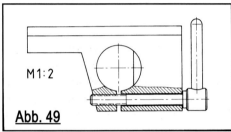

Abb. 49

mit der Klemmschraube zwischen den Wangen kaum merklich verzieht, weil die 2-mm-Eckenfreistiche für die Prismenausfräsungen sehr nahe an die Schwalbenschwanz-Fläche bzw. an die Spindelnute heranreicht. Doch diese Befürchtungen sind dann in der Praxis nicht eingetreten. Der Quersupport fährt gut, gleichgültig, wie fest die Klemmschraube angezogen wird.

Der Grundkörper kann hier aus Vierkant-Material 40×22 mm gefräst werden. Zuerst wird die untere Kontur bearbeitet. Dazu werden zwei Stufen 3 mm tief so angefräst, dass ein 9 mm breiter Steg bleibt. Bei der Gelegenheit wird sogleich die Stufe 15×4 angefräst. Mit 45° schrägstehendem Fräskopf werden per Koordinaten-Fräsen (exakter 36-mm-Abstand!) die beiden Prismen bis auf eine obere Breite von 19 mm eingefräst und mit einem lang ausragenden 2-mm-Fingerfräser zwei flache Eckenfreistiche gefräst. Damit

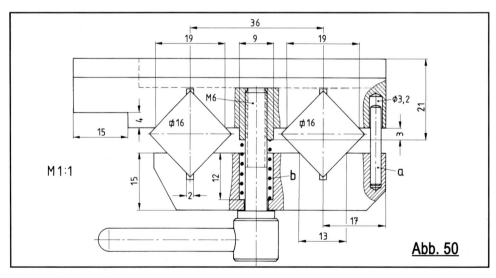

Abb. 50

der 36-mm-Abstand sehr genau stimmt, soll man diese Prismen-Nuten vorfräsen, danach die jeweiligen Nuten-Mitten erneut anfahren und mit feinstem Span fertig fräsen. Genau in der Mitte des 9-mm-Stegs wird die M6-Bohrung für die Knebelschraube eingebohrt. Nun kann der Block im Maschinen-Schraubstock umgedreht werden. Er liegt nun auf Beilagen an den Enden so hoch in den Backen, dass die Oberseite mit der Spindelnute und dem Schwalbenschwanz-Prisma gefräst werden kann. Bei all diesen Spannungen muss die feste Schraubstockbacke exakt zur Tischzugrichtung ausgerichtet sein.

Die Herstellung der 38 mm langen Klemmplatte ist einfach. Die Prismennuten werden ebenfalls koordinatengefräst; auf Breiten von 13 mm und erhalten auch Eckenfreistiche. Die fehlenden, untergeordneten Maße kann man der 1:1-Zeichnung entnehmen. In einer 12 mm tiefen Senkung steckt eine kräftige Druckfeder (b). Durch sie wird die Platte stets nach unten gedrückt und damit wird das Aufstecken des Kreuzsupports auf die Wangen erleichtert. An der Hinterkante steckt in einer geriebenen Bohrung ein 3-mm-Zylinderstift. Oben im Support-Grundkörper gibt es an gleicher Stelle (am besten bei geklemmter Platte „abbohren") eine 3,2-mm-Bohrung. Auch diese Einrichtung ist beim Aufstecken an den Wangenenden als Verdrehungsschutz sehr hilfreich.

Den Grundkörper für die Anwendung auf zwei Rundwangen kann man verschieden herstellen. Sehen wir uns zuerst eine relativ einfache Art an, die bei sorgfältiger Arbeit auch zum Erfolg führt. Sie entspricht der Klemmung nach **Abb. 50**; mit dem Unterschied, dass gerundete statt Vierkant-Prismen gefräst werden. **Abb. 51** zeigt die Hauptansicht.

Der Block wird für das Einfräsen (besser: Einstechen) der beiden ebenfalls exakt 36 mm entfernten Rundnuten auf der Seite liegend auf Unterlagen auf dem Frästisch gespannt. Diese werden so gelegt, dass der Fräser „durchfahren" kann. Eingestochen werden die Nuten mit einem 18-mm-Fingerfräser. Dieser muss 40 mm aus der Spannzange ausragen, damit die Höhe von 38 mm in einem Span überwunden werden kann. Der Durchmesser des Fräsers sollte möglichst auf 1/100-mm stimmen und exakt rund laufen. Der geringste Radialschlag würde zu einer Vergrößerung des Fräsdurchmessers führen. Am besten macht man zuvor eine Fräsprobe, die gemessen wird. Ganz besonders wichtig ist eine leichte

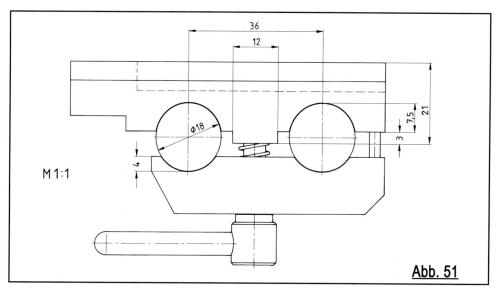

Abb. 51

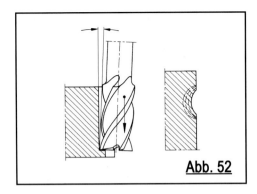

Abb. 52

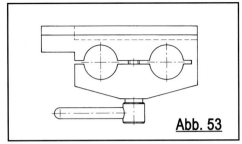

Abb. 53

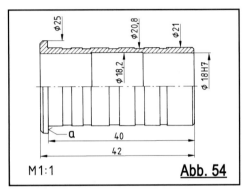

Abb. 54

Schrägstellung (1° genügt) der Frässpindel. Nur so ist sichergestellt, dass die Umfangsschneiden des Fräsers frei von der entstehenden Rundungswandung drehen. **Abb. 52** zeigt etwas übertrieben, wie das gemeint ist. Beim schrittweisen Einstechen der Rundung schneiden also nur die Stirnschneiden des Fräsers. Bei Erreichen der Stechtiefe 7,5 mm (bzw. 4 mm bei der Klemmplatte) wird ein letzter dünner Span mit geringem Vorschub von oben nach unten abgehoben. Das Maß 7,5 mm – wie übrigens alle Höhenmaße am Kreuzsupport – muss sehr genau eingehalten werden, damit die gesamte „Höhenrechnung" stimmt und oben 5 mm hohe Drehlinge einschließlich Unterlagen (ideal wäre 0,2 bis 0,4 mm dicke) im Stahlhalter gespannt werden können.

Bei der zweiten Variante werden zwei Bohrungen Ø 18H7 auf der Fräsmaschine per Koordinaten-Bohren vorgebohrt und mit einer Maschinenreibahle gerieben. Danach wird der Schlitz eingesägt und die Knebelschraube, wie bekannt, montiert (**Abb. 53**).

Bei der dritten Ausführung wird eine eingegossene, gedrehte Buchse bei der hinteren Bohrung verwendet. Dabei kommt man ganz ohne Koordinaten-Bohren aus und beide Bohrungen können z. B. auf der Drehmaschinen-Planscheibe eingedreht werden. Ihr Abstand muss nicht 100%ig stimmen! Die „vordere" Bohrung wird vorgebohrt und bis zum Innen-Ø 17,8 ausgedreht, danach mit einer Maschinenreibahle 18H7 ausgerieben (oder auch ausgedreht/die Silberstahl-Wange dabei als Kaliber benutzt). Die hintere Bohrung bohrt man (oder dreht sie aus) auf einen Ø 23. Ihre Wandung kann sogar riefig sein, denn an einer solchen Fläche hat der Harzverguss besseren Halt. Man kann sogar mit dem Bohrstahl feine Rillen einstechen (vgl. **Abb. 19**).

Nun wird eine dünnwandige Buchse nach **Abb. 54** gedreht und abgestochen. Eine kurze Schilderung der Arbeitsgänge, wie ich die Buchse drehen würde:

1. Ø 25-Automaten-Stahl wird mindestens 46 mm ausragend im Backenfutter gespannt,
2. Plandrehen, Zentrieren, Bohrung Ø 15×45 tief,
3. Absatz Ø 22×39,5 lang andrehen,
4. Ausdrehen Ø 17,8×45 tief,
5. Bohrungsfreistich Ø 18,2 auf etwa 1/3 der Buchsenlänge eindrehen,
6. Fertigdrehen Ø 21×40 lang, dabei hintere Planfläche hochziehen,
7. willkürliches Einstechen von mehreren Rillen auf Ø 20,8,

8. Anstechen einer Fase am vorderen Buchsenende,
9. Ø 18H7 mit Maschinenreibahle bis zum Bohrungsgrund reiben,
10. zur Hälfte einstechen bei Länge 42,5,
11. Anstechen einer Fase am hinteren Buchsenende,
12. fertig abstechen auf Länge 42,
13. Bohrungsenden von Hand mit Dreikantschaber entgraten.

Nun folgt das Eingießen der Buchse in den Quersupport-Grundkörper. Dieser hat an der 18-mm-Bohrung bereits eine Schlitzung und einen Klemmknebel (**Abb. 55**). Beide 18-mm-Rundwangen sind im Spindelstock geklemmt und dieser wird so gelagert, dass die Wangen nach oben ragen.

Wir hatten mit dem Digital-Messschieber geprüft, ob die Wangen zumindest parallel gleichen Abstand haben. Ob sie auch in einer Ebene liegen, kann man prüfen, indem man sie auf eine Messplatte (alternativ Frästisch) legt. Falls beides nicht richtig stimmt, sollte man vor dem Eingießen der Buchse diese Fehler – wie oben schon erwähnt – durch vorsichtiges Ausschaben der Bohrungen im Spindelstock korrigieren.

Auf die hintere Wange wird die Buchse nach **Abb. 54** mit dem Bund nach unten gesteckt; die Buchse liegt auf dem Spindelstock auf. Die kleine Planfläche (a in **Abb. 54**) wird mit Alleskleber (auch Sekundenkleber) als „Dichtung" satt eingestrichen und sofort wird der Grundkörper (in der richtigen Lage) aufgesteckt. Er erhält vorher an einer Stelle eine 45° schräge, nicht zu kleine Eingussöffnung (a) eingefräst oder -gefeilt. Beim Aufstecken achtet man darauf, dass die Buchse mittig in der 23-mm-Bohrung steht (=/=). Wenn der Alleskleber abgebunden hat, kann man das Gießharz (oder auch dünnflüssigen 2-K-Kleber) eingießen. Sollte das Harz im durchschnittlich nur 1 mm breiten Hohlraum nicht von selbst einsinken, kann man mit einem Draht nachhelfen. Auf diese elegante Weise haben wir im Block des Quersupport-Grundkörpers zwei exakte 18H7-Bohrungen – ganz ohne Koordinaten-Bohren und risikoreiches Ausspindeln.

In **Abb. 55** erkennt man, dass das Innengewinde im oberen Teil des Grundkörpers nicht sehr lang sein kann. Es wird sich durch häufige Benutzung vielleicht zu früh abnutzen. In **Abb. 56** zeige ich deshalb zwei Alternativen: Links steckt ein verstifteter (4-mm-Zylinderstift) Gewindebolzen im oberen Teil. Unten klemmt eine überhohe Knebelmutter. Damit man den Querstift später einmal wieder herausbekommt, sollte es vielleicht besser ein Gewinde-Stift sein. Rechts ist die Knebelschraube mitsamt Schlitzung 30° schräg ge-

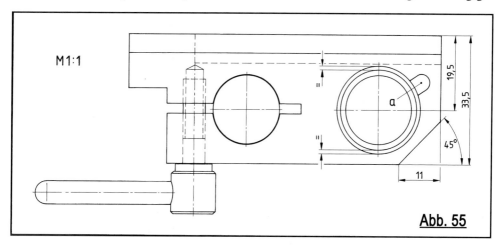

Abb. 55

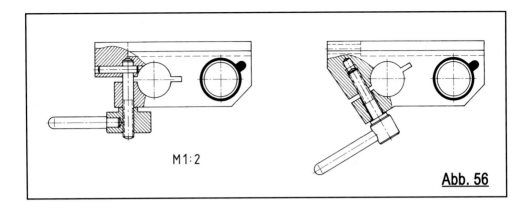

Abb. 56

stellt. Dadurch können die M6-Bohrung und die Knebelschraube länger gestaltet werden. Den Buchsenverguss habe ich in beiden Fällen geschwärzt dargestellt.

4.3.2. Klemmleiste

Vor dem Fräsen des Quersupport-Schlittens fertigt man sinnvoller Weise die Klemmleiste an, denn man benötigt diese zum Einpassen in die Schwalbenschwanz-Führung. In **Abb. 57** ist in doppelter Größe der Zusammenbau von Grundkörper und Schlitten und die Lage der Klemmleiste zu sehen. Hier wird auch ersichtlich, warum der Schwalbenschwanz beim Grundkörper seitlich versetzt gefräst wurde – damit er beim Schlitten symmetrisch sitzt. Alle nötigen Kantenfasen sind dargestellt. Genau in die Mitte kommt später die Supportspindel (gestrichelt). Die Klemmleiste wird aus einem 117 mm langen Messing-Profil 2×7 mm gefräst (der Quersupport-Schlitten wird 116 mm lang). Dabei bleibt die 2-mm-Dicke wie sie ist. Das Profilstück wird hochkant etwa 3 mm ausragend im Maschinen-Schraubstock gespannt und bei 30° schrägstehendem Fräskopf die obere Schräge angefräst. Dabei muss die Schräge nicht auf die volle 2-mm-Breite kommen. Zur Sicherheit lässt man ein paar Zehntel-Millimeter von der geraden Fläche stehen. Wenn die Schraubstockbacken nicht die Breite der Leistenlänge haben, kann man auch „nachsetzen". Wenn die erste Schräge über die volle Länge angefräst ist, dreht man die Leiste um 180° und kann die andere Schräge anfräsen. Ein Spannbeispiel zeigt **Abb. 58**. Die „Breite" der Leiste wird auf 6,7 mm gebracht. Noch im Schraubstock wird auch die obere Ecke leicht gebrochen. Auch die Kanten an den Stirnflächen werden angefast.

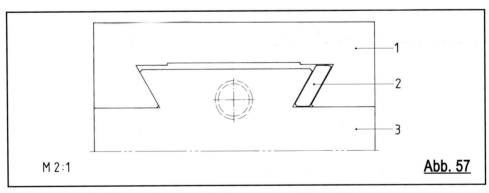

Abb. 57

1: Quersupport-Schlitten, 2: Klemmleiste, 3: Quersupport-Grundkörper

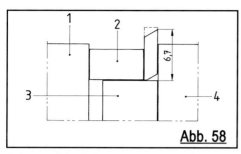

Abb. 58

1: bewegliche Schraubstockbacke, 2: Druck-Zwischenlage (Profilabschnitt), 3: Parallel-Unterlage, 4: feste Schraubstockbacke

4.3.3. Quersupport-Schlitten

Der Schlitten des Quersupports ist ein prismatischer Körper. Er wird aus einem 118 mm langem Abschnitt Automatenstahl 40×12 mm gefräst. **Abb. 59** zeigt den bemaßten Fertig-Querschnitt. Durch das einseitige Einfräsen der Schwalbenschwanz-Kontur wird er sich garantiert etwas verbiegen. Deswegen muss auch hier die richtige Fräs-Reihenfolge stattfinden, damit man am Ende eine sehr gerade Schwalbenschwanz-Führung erhält. Folgen Sie meinen Arbeitsschritten:

1. fertig fräsen der Breite 38 mm,
2. Einfräsen einer mittigen Längsnut 18 breit×6 tief,
3. Vorfräsen der Schwalbenschwanz-Kontur (60°-Schwalbenschwanz-Fräser) mit etwa 0,5 mm Aufmaß an beiden Seiten,
4. Umspannen im Maschinen-Schraubstock, Überfräsen der nun leicht gewölbten oberen Fläche in dünnem Span (möglichst mit einem großen Schlagzahn-Fräser), diese Fläche soll danach wieder eben sein,
5. Umspannen, Überfräsen auf eine Höhe von 11,2 mm,
6. fertig fräsen der Nut 19 breit×6 tief (auf dem Maß 11 sind noch 0,2 Aufmaß!),
7. wechseln auf den Schwalbenschwanz-Fräser, Überfräsen mit diesem auf Höhe 11 mm,
8. fertig fräsen der rechten Schwalben-schwanz-Schräge auf das Maß 9, bei diesem Arbeitsgang fräst man solange feinste Späne, bis die Seitenflächen von Schlitten und (bereitliegendem) Quersupport-Grundkörper an dieser Seite bündig sind. Um das richtig beurteilen zu können, sollte man nach jedem Frässpan die obere Kante durch eine angefeilte Fase brechen, dazu reicht es, wenn man nur eine kurze Länge so anfeilt,
9. die eingestellte Tiefe 5,5 lässt man stehen und fräst die linke Schräge fertig,
10. Brechen der beiden oberen Kanten (am besten leicht verrunden!) mit Feile oder Kantenfräser zu einer etwa 0,5 mm breiten Fase,
11. fertig fräsen der Schlittenlänge 116 mm.

Das Maß a in **Abb. 59** sollte auch etwa 9 mm sein. Man fräst die linke Seite solange nach außen breiter, bis sich der Quersupport-Grundkörper und die bereitliegende Klemmleiste gut aufstecken lassen. Dabei kann ein leichtes Spiel von etwa 0,1 mm entstehen. Die Gängigkeit des Supports wird ja ohnehin später mit den M3-Einstell-Madenschrauben bestimmt. In der Beiskizze von **Abb. 59** habe ich die wichtigen Gleitflächen mit dicken Linien ausgezogen. Noch ein Wort zum richtigen Spannen des Schlittenteils: Das Prisma hat einen U-förmigen Querschnitt. Um es nicht unnötig beim Spannen zu verbiegen, ist es besser, wenn man es stets am unteren, massiven Teil hält. Zur Sicherheit spanne ich bei derartigen Teilen zwei außen angelegte Vierkantleisten mit.

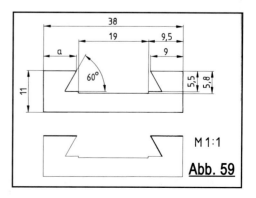

Abb. 59

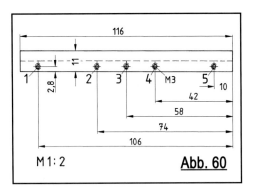

Abb. 60

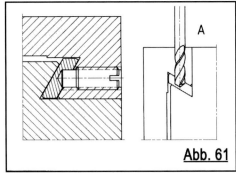

Abb. 61

4.3.4. Einstellschrauben

Bei größeren Drehmaschinen werden die Support-Einstellschrauben durch Kontermuttern festgesetzt. Ich habe die Erfahrung gemacht, dass bei den kleinen Supports Kontermuttern nicht nötig sind. Es sind ohnehin nur M3-Schrauben, mehr Platz ist nicht vorhanden. Die Schrauben kommen auf die rechte (Reitstock-)Seite des Schlittens.

Abb. 60 zeigt die Ansicht, gestrichelt ist der Grund der Schwalbenschwanz-Kontur angedeutet. Der Schlitten wird hochkant im Maschinen-Schraubstock gespannt (Karton-Beilagen, damit die Gleitflächen nicht beschädigt werden!). Das Maß 2,8 wird für die Bohrung mit der Nummer 4 möglichst genau (Anreiß-Messschieber) angerissen, gekörnt und als 2,4-mm-Durchgangs-Bohrung gebohrt. Das M3-Gewinde wird geschnitten. Der Schlitten wird ausgespannt, der Grundkörper und die Klemmleiste eingeschoben und mit einer M3-Schraube geklemmt. Der Grundkörper steht dabei etwa in der Mitte der Schlittenlänge und die Klemmleiste darf nur nach hinten (rechts in **Abb. 60**) ausragen. An der anderen Stirnseite, wo später die sogenannte Schiebeplatte angeschraubt wird, darf die Leiste nicht überstehen. So geklemmt, werden alle drei Teile im Maschinen-Schraubstock gespannt. Nun wird das 2,4-mm-Kernloch für die Bohrung 3 gebohrt, ebenfalls wieder besonders auf das Maß 2,8 achten (Koordinaten-Bohren!). Die Längenmaße sind unwichtig. Die Kernloch-Bohrung soll ein kleines Stück in die Klemmleiste geführt werden. **Abb. 61** zeigt, wie hier später ein kleiner, angedrehter Zapfen der Madenschraube bis in die Klemmleiste ragt. Dieser Zapfen nimmt die Leiste bei der Fahrbewegung des Schlittens mit. Die Schraube 3 wird also nur leicht angezogen und eine Viertel-Umdrehung zurückgedreht. Richtig eingestellt wird das Schlittenspiel nur mit den Schrauben 1, 2, 4 und 5.

Die genaue Bohrtiefe für das Kernloch in 3 erreicht man am besten mit dem eingestellten Bohrtiefenanschlag. An der Stirnseite des Schlittens stellt man diese ein (A in **Abb. 61**). Im Falle, dass man die Klemmleiste, wie vorgeschlagen, aus Messing macht, kann man die Bohrtiefe auch nach dem „Erscheinen" von Messingspänen einstellen. Dazu muss man aber die Späne möglichst oft aus der Bohrung entfernen. Nach dem Kernloch-Bohren für 3 werden auch die restlichen Kernlöcher für 1, 2 und 5 gebohrt und die Gewinde geschnitten. Dazu wird der Grundkörper mit Klemmleiste herausgezogen. Ist das erfolgt, wird alles wieder zusammengesteckt und zuerst die Schraube 3 mit dem angedrehten Zapfen (Ø 2,3) eingedreht. Der Zapfen muss die geringe Ansenkung in der Klemmleiste finden. Wenn der Schlitten so verschoben wird, muss die Leiste „mitgehen". In die Gewindebohrungen 1, 2, 4 und 5 werden die eigentlichen M3-Einstell-Madenschrauben gedreht, welche vorn angedrehte 120°-Kegel haben. Mit den Kegelflächen drücken diese Schrauben gegen die 30° schrägstehende Klemmleiste. Für meine Maschine habe ich die kleinen 120°-Kegel an die Madenschrauben (Gewindestifte mit Innensechskant) in der 3-mm-Spannzange bei 60° verstelltem Obersupport angeschliffen. Vor dem endgültigen Einstellen sollen alle Gleitflächen gefettet werden. Jede Schraube wird einzeln eingestellt. Es hat sich bewährt, jede Schraube zuerst vorsichtig nur soweit anzuziehen, dass sich der Schlitten nicht mehr verschieben lässt. Danach öffnet man die Klemmung wieder einen winzigen Betrag bis man ihn wieder von Hand schieben kann. Das macht man mit jeder Schraube so. Der Grundkörper steht dabei natürlich immer im Bereich der Schraube, die gerade eingestellt wird. Die letzte Einstellung erfolgt erst, wenn der Spindelantrieb fertig eingebaut ist und am besten bei Drehversuchen. Die M3-Gewindestifte haben ein 1,5-mm-Innensechskant. Ich habe die Erfahrung gemacht, dass die Einstellschrauben nahezu richtig angezogen sind, wenn man beim Festziehen den Inbusschlüssel lediglich mit zwei Fingern am 1,5-mm-Sechskant anfasst, also nicht hinten am abgewinkelten Stück des Schlüssels.

4.3.5. Rund-T-Nut

Für die Grad-Verstellung (Kegeldrehen) des Ober-(Längs-)Supports ist eine Rund-T-Nut auf dem Quersupport-Schlitten nötig. Weil es meines Wissens derart kleine T-Nutenfräser – auf normalem Weg – nicht gibt, lösen wir das Problem auf elegante Weise: Wir stellen zwei Drehteile her, deren Querschnitts-Kontur eine T-Nut ergibt. **Abb. 62** zeigt das als Schnitt- und Draufsichtszeichnung.

Auf der oberen Fläche des Schlittens wird 49 mm vom „Kurbelende" entfernt mittig ein Körnerschlag gemacht. Von da aus werden zwei Kreisbögen auf der Fläche geschlagen:

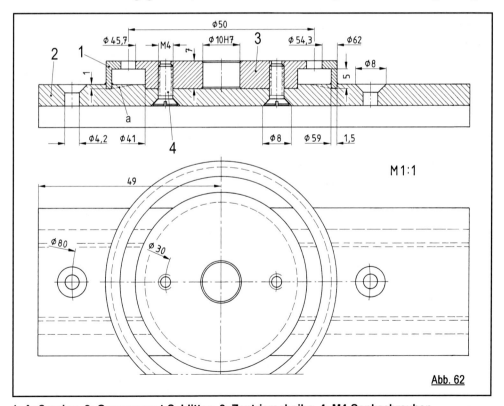

Abb. 62

1: Außenring, 2: Quersupport-Schlitten, 3: Zentrierscheibe, 4: M4-Senkschrauben

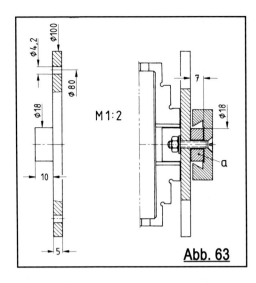

Abb. 63

bei Ø 30 und Ø 80. Die Mitten werden angerissen und auch hier viermal gekörnt und vier 4-mm-Durchgangs-Bohrungen gebohrt. Die beiden Bohrungen auf dem Ø 80 werden mit einem 90°-Senker von oben und die auf dem Ø 30 von unten jeweils auf Durchmesser von 8 mm gesenkt. Eine „Planscheibe" wird als Hilfsteil nach **Abb. 63** links vorbereitet. (Es lässt sich natürlich auch eine absatzlose Scheibe in den Bohrbacken spannen!)

Die Scheibe erhält auf dem Teilkreisdurchmesser 80 zwei gegenüberliegende (Teilgerät oder Zentrierwinkel-Anriss) 4,2-mm-Durchgangs-Bohrungen (oder M4-Bohrungen). Die Scheibe wird mit dem 18-mm-Bund fest im Backenfutter gespannt und die große Planfläche noch einmal fein überdreht. Nun kann der Quersupport-Schlitten unter Unterlage von zwei vorher ebenfalls vorbereiteten, planen Scheiben (a in **Abb. 63** rechts) mit M4-Senkschrauben aufgespannt werden. Die beiden Scheiben mit einem Ø 18 sollten planparallele Flächen und gleiche Dicken von 7 mm haben (Plandrehen und Abstechen in einer Einspannung). Sie liegen in der Schwalbenschwanz-Kontur in der Mitte der 19 mm breiten Freinut.

So vorbereitet können in die Schlittenfläche die nur 1 mm tiefe Senkung für die Zentrierscheibe auf den Ø 41 und der ebenfalls 1 mm tiefe Einstich für den Außenring (Ø 59/Ø 62) eingedreht werden **(Foto 16)**. Weil für die Zentrierung des Außenrings eigentlich nur der Ø 62 vonnöten ist, genügt es im Grunde, dass man die Innenkante leicht schräg eingedreht (a in **Abb. 62**). Die Haltekraft der beiden M4-Schrauben ist nicht übermäßig groß, deshalb soll man nur feine Späne abheben. Der Ringeinstich wird fertig 1,5 mm breit. Den Einstechstahl würde ich aber nur etwa 1 mm breit schleifen und seitlich versetzen. So lassen sich auch die beiden Durchmessermaße besser einhalten. Die Stechtiefe muss in beiden Fällen recht genau 1 mm sein, damit die beiden Teile später auf gleicher Höhe liegen. Wer exakt arbeiten will – und wer will das nicht – versieht das Zentrum der 41-mm-Senkung mit einem etwa 0,2 mm tiefen Freistich, so dass später die Zentrierscheibe nur am Rand auf einer etwa 2 mm breiten Stufe „unverkippbar" aufliegt. Nachdem der Schlitten von der Planscheibe genommen wurde, kann man die beiden Senk-

Foto 16: Die Rillen für die Teile der Rund-T-Nut werden in den Quersupport-Schlitten auf der „Planscheibe" eingestochen. Man erkennt, dass diese nur im Bereich der Abstandsscheiben plan überdreht wurde. Bei diesem Arbeitsgang muss auch die mittige Bohrung gerieben werden

bohrungen des Ø 80 mit einem Harzverguss schließen; sie werden nicht mehr benötigt (oder doch, vgl. Problematik bei **Abb. 164!**). Ein kleiner Hinweis an dieser Stelle: Auf die beiden 18-mm-Planscheiben sollte man nicht verzichten. Wenn der Schlitten hohlliegend festgeschraubt wird, besteht die Gefahr, dass er sich unkorrigierbar verbiegt.

Drehen wir zuerst die Zentrierscheibe aus Automatenstahl. Bei ihr ist von Bedeutung, dass die Mittenbohrung Ø 10 gerieben wird. Der Ø 41 wird in die Senkung des Schlittens eingepasst. Die „untere" Planfläche und die Planfläche des schmalen Randes zum Ø 45,7 sollen exakt zueinander rund laufen. Die Dicke der Scheibe macht man besser 6,8 als ein Zehntel mehr als 7! So liegt später der runde Grundkörper des Obersupports ebenfalls „unverkippbar" nur auf dem Außenring auf. Die Zentrierscheibe wird in die Senkung des Schlittens gelegt und die beiden 4,2-mm-Bohrungen abgebohrt (mit 4,2 mm anbohren und mit 3,2 mm durchbohren, Gewindesenkungen, M4-Gewinde bohren). Die Zentrierscheibe wird zur Montage nur angeschraubt.

Der Außenring wird in einer Einspannung ebenfalls aus Automatenstahl fertig gedreht und abgestochen. Der schmale Rand von 1,5 mm wird in den schon vorhandenen Einstich (oder Eindrehung, siehe oben) auf dem Schlitten eingepasst. Diese Passung kann relativ locker sein. Die Breite des Rings soll beim Abstechen exakt 7 mm betragen. Wer beim Abstechen die Planfläche nicht schön sauber erzielt, sticht 0,5 mm breiter ab und dreht diese Fläche danach bei Spannung in einem ausgedrehten Klemmring – vergleichbar mit dem Vorgehen bei **Abb. 13** – auf die Fertigbreite 7 mm nach.

Der Außenring wird weich in den Schlitten gelötet. Die Zentrierscheibe wird dazu entfernt (unnötig, diese Masse mit zu erhitzen). Die relativ großen Teile legt man auf eine auf höchste Heizstufe gestellte Herdplatte. Wir löten mit Lötsäure. Die „Endhitze" gibt ein Propangas-Lötbrenner. Wenn das Lot gut verlaufen ist, wird alle Hitze weggenommen und nach Abkühlung wird das Teil in Spiritus gewaschen und damit anhaftende Säure entfernt. Der Ring darf keinesfalls hart angelötet werden! Die zu große Hitze würde den Schlitten gefährlich verziehen. Dann schon besser mit 2-K-Kleber einkleben, denn der Ring hat eigentlich nicht viel zu halten.

Beim Einstechen der beiden Vertiefungen muss bei mir unbemerkt etwas falsch gelaufen sein. Erst später habe ich bemerkt, dass beide Teile für die T-Nut um Zehntel-Millimeter geneigt im Quersupport-Schlitten sitzen. Das hätte zur Folge gehabt, dass der gesamte Obersupport in Längsrichtung nicht waagerecht fährt, beim Langdrehen hätte sich ständig die „Stahlhöhe" geändert. Ich war zum Handeln verpflichtet. Aus einem Alu-Block

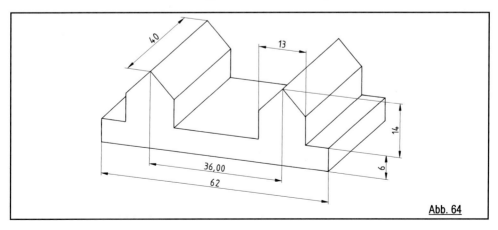

Abb. 64

Foto 17: Überfräsen der T-Nut-Teile auf der Wangen-Attrappe (Abb. 64) zur Herstellung einer absolut waagerechten Fläche

habe ich eine 40 mm lange „Wangenattrappe" nach **Abb. 64** gefräst. Die mittlere Aussparung wurde zuerst im Maschinen-Schraubstock als Nut gefräst und dazu die beiden seitlichen Stufen. Danach wurde das Teil auf den Fräsmaschinen-Tisch gelegt, dabei die beiden Spanneisen auf diese Stufen gesetzt und so konnten die 45° schrägen Flächen angefräst werden. Auch hierbei müssen die jeweils zwei in gleicher Richtung schräg stehenden Flächen per Koordinaten-Fräsen auf exakten Abstand von 36,00 mm gefräst werden. Die Attrappe muss auf den Fräsmaschinentisch nicht ausgerichtet werden. Darauf wird der fertig montierte Quersupport (mit den bereits montierten Ringen!) gelegt. Er wurde mit zwei Spanneisen (auf den oberen Flächen des Schlittens) gegen den Fräsmaschinentisch gespannt und in diesem Zustand konnten die Ringflächen noch einmal sparsam überfräst werden **(Foto 17)**. Ich musste an der höher stehenden Seite immerhin noch 0,6 mm wegnehmen. Am Ende steht nun die Rund-T-Nut im Innern etwas schräg, doch das ist nicht so wichtig.

Weil es zum Thema gehört, fertigen wir gleich noch die beiden Halteschrauben, die in unserer „T-Nut" gleiten, und die zugehörigen Unterlegscheiben und überhohe Muttern aus Automatenstahl an. Die Maßzeichnungen für diese je zwei Teile hat **Abb. 65**. Damit sie in die T-Nut passen, müssen die breiten Köpfe der Schrauben „gerundete Schlüsselflächen" erhalten.

Dazu reißen wir auf der bei **Abb. 63** verwendeten Hilfsscheibe auf einem exakten Teilkreis-Ø 50 gegenüberliegend (Zentrierwinkel) zwei Bohrungen Ø 4,2 an und bohren diese Löcher. Die Hilfsscheibe wird, wie schon bekannt, im Backenfutter gespannt und mit einem dünnen Span noch einmal plan überdreht. Nun werden die Schrauben

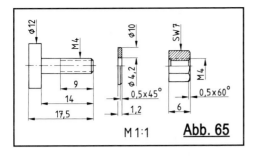

M 1:1 Abb. 65

eingesetzt und mit den überhohen Muttern festgezogen. Man muss dabei zahlreiche Unterlegscheiben oder ähnliches hinten unterlegen. Die Schraubenköpfe kann man nun auf den „Außendurchmesser" 58,5 und den „Innendurchmesser" 41,5 gemäß **Abb. 66** und **Foto 18** andrehen. Dabei kann man getrost leicht in die Planfläche der Scheibe drehen. Weil es auch hier nur eine schwache Halte-

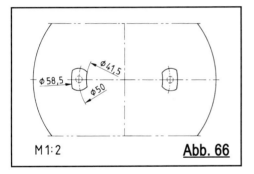

M 1:2 Abb. 66

Foto 18: Die Rundungen werden an die Klemmschrauben angedreht

kraft der Gewinde gibt, sollte man auch hier sicherheitshalber nur dünne Späne abheben. Hat man alle Maße eingehalten, kann man die Schrauben nun seitlich von unten in die T-Nut des Quersupport-Grundkörpers stecken.

4.3.6. Schiebeplatte

Über die Schiebeplatte wird von der Supportspindel der Schlitten verschoben. Sie wird aus 45-mm-Automatenstahl zuerst als einfaches Drehteil nach **Abb. 67** hergestellt. Bei einem Eigenbau-Kreuzsupport habe ich dieses Teil, wie auch das vergleichbare am Obersupport, vor Jahren aus Messing herge-

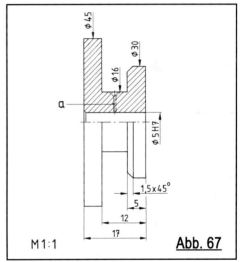

M 1:1 Abb. 67

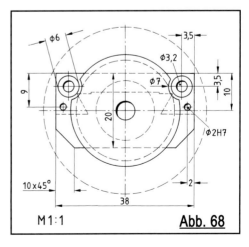

M 1:1 Abb. 68

stellt. Ich denke, das ist bei den zahlreichen Umdrehungen, welche die Supportspindel bei der Arbeit macht, ebenfalls ein geeignetes Material. Die beiden Planflächen und die 5H7-Bohrung sollten gut zusammen rund laufen. An der Bohrungskante zur großen Planfläche wird eine kräftige Fase angestochen. Danach wird der große Rand nach den Maßen der **Abb. 68** zu einem rechteckigen Teil gefräst. Wenn der Ø 45 nicht gut rund läuft, ist es besser, wenn man die Außenmaße 38 bzw. 20 dieser „Platte" von der Mittenbohrung her misst. Die beiden Schrägen 10×45° kann man, muss man aber nicht anfräsen. Per Koordinaten-Bohren würde ich als nächstes die beiden Bohrungen Ø 3,2 als Durchgangs-Bohrungen bohren, danach mit einem 7-mm-(oder 8-mm-)Fingerfräser bei gleichen Mittenstellungen der Frässpindel die gerundeten Kerben in den Rand Ø 30 stechen. Anschließend kann mit einem 7-mm-Wendelbohrer mit 90°-Anschliff die 6-mm-Senkung für die M3-Senkkopf-Schrauben gebohrt werden.

In **Abb. 68** habe ich die Schwalbenschwanz-Kontur des Schlittens gestrichelt eingezeichnet. Die Schiebeplatte wird entsprechend auf die Stirn des Schlittens gesetzt und die erste 3,2-mm-Bohrung mit einem 3,2-mm-Zentrierkörner übertragen. An der gekörnten Stelle wird eine 2,4-mm-Bohrung etwa 12 mm tief gebohrt und (nach Senkung) das M3-Gewinde geschnitten. Nun kann die Platte mit der ersten Schraube befestigt und ausgerichtet werden. So erfolgt die Zentrierkörnung für die andere Seite. Zwei M3-Senkschrauben halten nun die Platte am Schlitten. Man kann es dabei belassen, denn die Senkköpfe haben schon eine recht gute Ausricht- und Zentrierwirkung. Wer es besonders gut machen will, kann zusätzlich verstiften (ich habe es getan). Dafür die Maße 9 und 2 und Ø 2H7 in **Abb. 68**. Die Stiftloch-Bohrung sollte jedoch nicht zu tief in den Schlitten fahren, damit man nicht in die Gewindebohrung für die vordere Einstell-Madenschraube kommt. In den Ø 16 der Schiebeplatte wird radial nach oben und mittig ein Ölkanal (a in **Abb. 67**) von 0,5 mm Durchmesser gebohrt. Er erhält eine größere Senkung. Hierdurch kann später das Kurbellager geölt werden.

Die Schiebeplatte ist am Schlitten montiert. Im Schlitten steckt der Grundkörper mit der eingestellten Klemmleiste. Der Grundkörper wird bis an die Schiebeplatte herangeschoben und mit der vordersten Einstellschraube fester angezogen. In diesem Zustand wird die 5-mm-Bohrung der Schiebeplatte mit einem selbstgedrehten und gehärteten 5-mm-Zentrierkörner übertragen. Als weniger gute Lösung kann man mit einem 5-mm-Wendelbohrer abbohren (nur gering tief anbohren). Dabei besteht immerhin die Gefahr, dass die Wandung der geriebenen Bohrung beschädigt wird. Die Benutzung von Zentrierkörnern ist also immer die bessere Arbeit. Jetzt wird das Kernloch für das Spindelgewinde M5×0,5 (Rechtsgewinde) gebohrt. Der Schlitten wird dazu genau senkrecht stehend im Maschinen-Schraubstock ausgerichtet. Damit diese wichtige Bohrung wirklich senkrecht und an der richtigen Stelle einbohrt, sollte man die Körnung zuerst mit einem etwa 1,4-mm-Bohrer nur 1 bis 2 mm tief anbohren. Danach habe ich mit einem Bohrer Ø 4,0 aufgebohrt. Am Schneideisen gemessen hat dieses Feingewinde einen Kerndurchmesser von 4,34 mm. Zur Sicherheit rate ich dringend dazu, 4,0 mm vorzubohren. Wenn man mit dem 4,3-mm-Bohrer „ins Volle" bohrt, besteht die reale Gefahr, dass die Bohrung einen Durchmesser von 4,5 mm erhält – nahezu ungeeignet für ein gutes Feingewinde dieser Dimension!

Beim Bohren mit dem 4-mm-Bohrer habe ich den Einlauf des Bohrers in die 1,4-mm-Bohrung aus beiden Richtungen genau beobachtet. Man sieht dabei deutlich, wenn sich der Bohrer zur Vorbohrung hin leicht wegbiegt. In dem Fall steht die Achse der Bohrspindel nicht exakt über der Körnungsmitte und der Bohrer würde zwangsläufig schräg einbohren. Dann muss man den Schraubstock auf dem Tisch entsprechend leicht verschieben.

Bei kleinen Werkstücken, in einem kleinen, leichten Schraubstock gehalten oder ganz ohne Schraubstock, kann man oft beobachten, dass sich der (gut rundlaufende) Bohrer das Werkstück in den ersten Sekunden quasi „selbst zurechtrückt". Man soll also ein kleines Werkstück im Moment des Anbohrens nicht zu krampfhaft auf dem Maschinentisch festhalten. Die sicherste Methode für gerades Einbohren (kommt gleich nach dem Koordinaten-Bohren) geht so: In die Frässpindel wird eine rundlaufende 60°-Zentrierspitze genommen. Diese Spitze sticht in die Zentrier- oder (ausreichend tiefe) Vorbohrung und richtet dabei das Werkstück auf dem Tisch aus. In diesem Zustand wird die Bohrpinole geklemmt. Und nun können Spanneisen (oftmals genügt beim Bohren nur eines!) das Werkstück unverrückbar auf dem Tisch halten. Wenn man nun die Zentrierspitze gegen das Bohrfutter wechselt, so steht dieses haargenau über der Vorbohrung!

Für das Schneiden des Spindelgewindes M5×0,5 in den Grundkörper kann man sich auch einen „Durchgangsloch-Maschinen-Gewindebohrer" (Best.-Nr. 13284 5×0,5 bei der Firma Pfeiffer, siehe Händlerverzeichnis) besorgen. Das ist ein so genannter Fertigschneider, also kein Bohrersatz. Für die beiden Gewindebohrungen bei unserem Maschinenbau genügt dieser Bohrer, zumal er einen Schälanschnitt hat. Bedeutungsvoll ist jedoch, dass dieser Bohrer einen recht langen Schaft von nur 3,5 mm Durchmesser hat. Ein normaler Gewindebohrer hat hier einen 6-mm-Schaft. Wir drehen uns also eine Zentrierbuchse, etwa 15 mm lang mit einem Innen-Ø von 3,5 mm und einem Außen-Ø von 4,99 mm. Diese Buchse wird auf den Schaft des Maschinen-Gewindebohrers gesteckt und so kann das Innengewinde geschnitten werden. Die Schiebeplatte dient dabei als Zentrierung, ein schräges Anschneiden ist somit nicht möglich.

Die zu bohrende Gewindelänge im Grundkörper ist mit 18 mm relativ lang (vgl. **Abb. 45**, 85 minus 67 = 18 mm). Diese Traglänge mit den vielen Gewindegängen ist für die Haltbarkeit positiv. Es ist jedoch bei mit Schneidwerkzeugen hergestellten Gewinden nicht selten zu finden, dass eine lange Gewindespindel nicht in eine lange Gewindebohrung geschraubt werden kann. Die ersten Umdrehungen gehen zwar noch leicht, doch dann wird das Einschrauben immer schwergängiger, bis sich gar nichts mehr dreht. Vielleicht liegt es daran, dass die Steigungen der Schneidwerkzeuge nicht so ganz genau stimmen? Bei einer relativ kurzen Mutter fällt dieser Fehler kaum auf. Ich rate also dazu, vorher in ein Probestück von gleicher Länge eine Innengewinde-Bohrung zu bohren und mit der vorhandenen Spindel die Gängigkeit zu prüfen. Notfalls müsste man die Länge (hier 18 mm) kürzen. Den oben erwähnten „Durchgangsbohrer" hatte ich nicht. Ich habe mit einem 2-gängigen Satz (mit dicken Schäften) gearbeitet. Deshalb habe ich das Anschneiden der ersten etwa sechs Gewindegänge des Vorschneiders (1. Gang) auf der Fräsmaschine gemacht. Unmittelbar nach dem Bohren des Kernlochs habe ich den 1. Gang in das Bohrfutter genommen und diesen per Hand-Drehung (die Pinole dabei leicht nach unten geben) eingebohrt, Schneidöl nicht vergessen. In dem Zusammenhang möchte ich auf den Artikel „Kleiner Helfer beim Gewindeschneiden" von Ralf Müller in „MASCHINEN IM MODELLBAU", Heft 2/2005 hinweisen. Er beschreibt hier eine gefederte Zentrierspitze, die nach dem Kernlochbohren in das Bohrfutter genommen wird und mit deren Hilfe ein sehr genaues senkrechtes Einbohren der Gewindebohrer ermöglicht wird. Ich finde, eine sehr gute Idee!

Das Gewinde der Stahl-Supportspindel gleitet im Stahl-Innengewinde des Grundkörpers. Diese Material-Kombination ist nicht sehr ideal. Es ist durchaus möglich, dass man in den Grundkörper eine Messing- oder Bronze-Buchse mit dem Innengewinde einsetzt. Dazu wird nach dem Zentrierkörnen

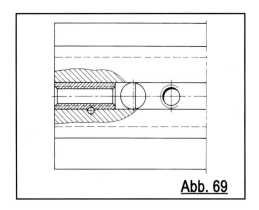

Abb. 69

bis zum Ende der Spindelnut im Grundkörper größer aufgebohrt und Ø 7H7 gerieben. In diese genaue Bohrung kann nun eine Messing-Buchse eingesetzt werden, die bereits das M5×0,5-Innengewinde hat. Mit einem 2-mm-Querstift auf der Kante der Buchse wird diese festgehalten (**Abb. 69**). Wenn man mit der ebenfalls geriebenen Bohrung für diesen Stift das Gewinde angebohrt hat, kann man keinen gehärteten Zylinderstift verwenden. Es muss in dem Fall ein weicher Stift sein (ebenfalls Messing?), damit man das Gewinde nachschneiden kann. Das Ganze hat den Vorteil, dass diese Gewindebuchse später einmal gewechselt werden kann. Als Alternative zum Verstiften kann man auch hier kleben.

Auf den Fotos meiner Maschine kann man erkennen, dass ich an die oberen Längskanten beider Support-Schlitten mit den Umfangsschneiden eines 45° schräggestellten 10-mm-Fingerfräsers knapp 2 mm breite Fasen angefräst habe. Man kann diese Fasen anfräsen, muss es aber nicht. Es ist nur eine Frage des Aussehens. Die Fasen werden erst angefräst, wenn die Schiebeplatten an den Schlitten-Stirnseiten verstiftet sind.

4.3.7. Supportspindel

Mit der Supportspindel wird der Quersupport komplettiert. Damit man später Freude bei der Arbeit am Uhrmacherdrehstuhl hat, muss man alles unternehmen, damit ein guter Rundlauf dieser Welle erreicht wird. In **Abb. 70** die Maßzeichnung. Ein 145 mm langer Abschnitt 14-mm-Automatenstahl wird auf 144,5 mm Länge plangedreht und beidseitig mit einem 0,5-mm-Zentrierbohrer zentriert. Der Rohling wird 10 mm lang im Backenfutter gespannt. Das lange Ende hält die mitlaufende Spitze. So dreht man einen Absatz Ø 6×101,5 mm lang an. Dieser 6-mm-Zapfen wird „bis zum Anschlag" in eine 6-mm-Spannzange genommen; das ausragende Ende wieder mit der Spitze unterstützt. So wird an dieser zweiten Seite ein Zapfen Ø 9×38,5 mm lang angedreht. Danach werden alle Durchmesser und das Gewinde M6×05 (alternativ M6) fertiggedreht. Bei den Längenmaßen 7, 15, 26, 29 und 34 werden jeweils 5 mm zugerechnet. Dabei wird

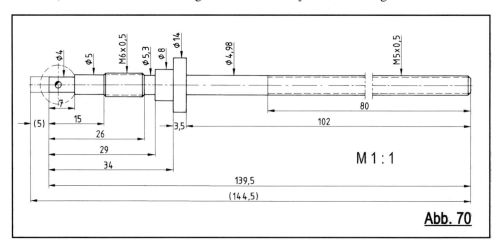

Abb. 70

auch der Ø 14 fertiggedreht. Diese Seite der Welle wird später – vor dem Anbau der Kurbel auf den 4-mm-Zapfen – um 5 mm gekürzt, damit die Zentrierbohrung verschwindet. In der **Abb. 70** ist die mittlere Kugel der Kurbel und die 2-mm-Stiftloch-Bohrung links bereits angedeutet. Das Feingewinde M6×0,5 muss gut rund laufen. Den 5 mm langen Absatz Ø 8 dreht man zu „Null", damit er in der 8-mm-Spannzange eine gute Aufnahme hat.

Die Welle wird in der 8-mm-Spannzange gespannt; das 6-mm-Ende von der mitlaufenden Spitze gehalten. So kann die 102 mm lange Strecke auf Ø 5 (besser 0,01 kleiner) gedreht werden. Das Längenmaß 3,5 des großen Bundes muss sehr genau eingehalten werden. Das Aufschneiden des Feingewinde-Schneideisens M5×0,5 muss mit vorsichtigem „Nachschieben" durch die Reitstock-Pinole erfolgen (Drehung der Arbeitsspindel per Hand, Schmiermittel nicht vergessen). Ich habe bei den ersten 7 mm der Gewindelänge nachgeschoben, den Rest dann mit der kleinsten Drehzahl geschnitten. Bei Automatenstahl kann man das machen. Das Gewinde darf nicht länger als 80 mm sein!

Damit sich die stets dünner werdende Welle beim Langdrehen (ohne Setzstock) nicht gefährlich verbiegt (das kann bis zum Bruch gehen!), dreht man mit einem exakt senkrecht angestellten Seitendrehstahl, welcher fast keine Kantenrundung an der Spitze hat. Senkrecht angestellt bedeutet, die Hauptschneide steht rechtwinklig zur Drehachse. Erreicht man am linken Absatzende die Planfläche, muss man dringend z. B. Fließspäne entfernen. Diese verklemmen sich gern zwischen der Planfläche und der Hauptschneide. Das kann sogar dazu führen, dass der Drehstahl im Halter verschoben wird. Den Maschinen-Vorschub schaltet man ohnehin rechtzeitig vor dem Absatzende aus und kurbelt den Rest der Länge vorsichtig von Hand. Nur „reinrassig" zwischen den Spitzen kann man eine so dünne Welle ohne Setzstock, selbst bei größter Vorsicht, nicht drehen.

4.3.8. Skalen- und Klemmring, Handkurbel

Beinahe nur noch eine „Fleißarbeit" ist nun die Anfertigung der in der Abschnittüberschrift genannten Teile. Klemm- und Skalenring (rechts) sind in **Abb. 71** bemaßt. Beim Skalenring müssen die geriebene Bohrung Ø 8H7, die Planfläche in der 15-mm-Ausdrehung, der Ø 30 und die vordere Planfläche exakt zusammen laufen. Das Maß der Ausdrehung 3,4 muss dabei genau eingehalten werden. Zur Sicherheit kann man es auch 3,3 drehen. Bei angezogenem Klemmring muss später zwischen dem Skalenring und der Schiebeplatte am Schlitten ein Spalt von wenigstens 0,1 mm bestehen.

Die Skalierung des Skalenrings habe ich bereits ausführlich in meinen früheren Büchern beschrieben (in (3) Seite 43 und in (1) Seite 39/40, siehe Literaturhinweise). Für das Aufstoßen der Skalierung wird ein fliegender Dorn für das Teilgerät gedreht. Damit man beim Stoßen der Teilungsstriche rundum nicht ständig die Höhe nachregulieren muss, empfiehlt es sich, den Ø 30 auf dem Teilgerät noch einmal mit einem feinen Span zu überfräsen. Ich habe das von vornherein eingeplant und den Durchmesser 30,5 gedreht. In **Abb. 72** habe ich zwei Möglichkeiten der Skalierung (für Rechtsgewinde auf der Supportspindel) als Abwicklungen für einen Ø 30 gezeichnet.

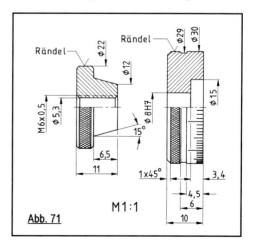

Abb. 71

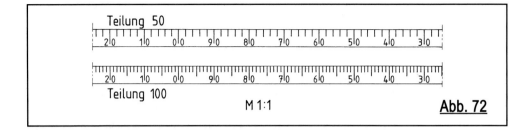

Abb. 72

Oben muss das Teilgerät eine 50er-Teilung und unten eine 100er-Teilung ermöglichen. Bei einer 50er-Skalenteilung entspricht ein Teilstrichabstand 2/100 mm – auf den Durchmesser, so wie man es sinnvoll bei der Arbeit braucht. Auf meinem Boley-Uhrmacherdrehstuhl habe ich diese Teilung und arbeite recht gut damit. Ist ein Hundertstel-Millimeter zuzustellen, so kann man noch gut zwischen den Teilstrichen einstellen. Die 100er-Teilung zeigt dagegen 1/100 mm pro Teilstrich – auf dem Drehdurchmesser. Bei meiner neuen Maschine habe ich es so gemacht (**Foto 19**). Würde ich den Skalenring noch einmal drehen, würde ich das Längenmaß 4,5 auf 5,5 erhöhen. Ich habe nämlich die kleinen Zahlen entgegen meinem ursprünglichen Plan (Gravierfräsen) mit 2-mm-Schlagzahlen aufgeschlagen und die haben auf dem schmalen Rand herzlich wenig Platz, es geht gerade so.

Weil ich keine Rändeleinrichtung habe, habe ich anstelle des Rändels gerundete, jeweils etwa 2 mm breite Einfräsungen mit einem 4-mm-Fingerfräser in Axialrichtung auf einem Dorn im Senkrechtteilgerät eingestochen: 24 Stück beim Skalenring des Quersupports, 20 Stück beim Skalenring vom Obersupport und die jeweils gleich großen Klemmringe haben je 18 Einfräsungen. Die unterschiedlichen Zahlen deshalb, damit die Abstände bei gleicher Einfrästiefe bei allen etwa gleich sind (vgl. die Bilder).

Eine nicht dauerhafte Notlösung für eine Skalierung ohne Teilgerät kann so aussehen: Sie kopieren auf einem digital – nicht optisch – arbeitenden Kopierer die 1:1-Zeichnung der **Abb. 72** und schneiden einen der beiden Streifen aus. (Den Streifen bitte nicht aus dem Buch ausschneiden, es wäre schade um das Buch.) Der Durchmesser 30 des Skalenrings wird mit feinsten Spänen solange kleiner gedreht, bis der Papierstreifen an den Enden schlüssig herumreicht; eher noch ein Zehntel-Millimeter kleiner, der Kleber braucht auch seinen Platz. So wird er mit 2-K-Kleber angeklebt. Zum Schluss deckt man ihn mit Selbstklebe-Klarsichtfolie ab. Es ist – wie gesagt – eine Notlösung.

Später wird oben in der Mitte auf dem gegenüberliegenden Rand der Schiebeplatte mit einem nur 2 mm breiten Meißel der Nullpunkt aufgeschlagen. Beim Klemmring beachtet man die Grundregel für alle Drehteile: möglichst alle Flächen in einer Einspannung zu bearbeiten. Auch hier wird das kraftaufwendige Rändeln zuerst gemacht, bevor man die 45°-Fasen ansticht. Anstelle des Feingewindes M6×0,5 kann man auch M6×0,75 oder nor-

Foto 19: Nahaufnahme vom vorderen Ende des Quersupport-Schlittens. Die 1/100-Skalierung des Skalenrings und die 45°-Fasen an den Support-Kanten werden sichtbar.

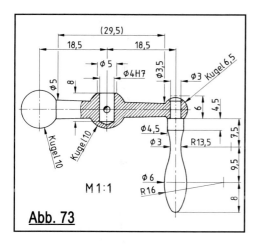

Abb. 73

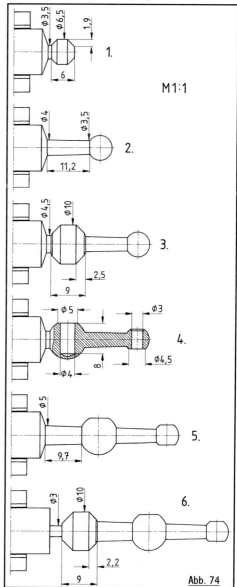

Abb. 74

males M6-Gewinde (das ist strenggenommen M6×1!) schneiden – selbstverständlich dann auch beim Gegenstück Supportspindel.

Die Handkurbel stellen wir im Design der alten Werkzeugmaschinen her: ein konischer Quergriff mit drei Kugeln und ein Ballengriff – angesetzt an der kleinsten Kugel (**Foto 19**). Diese Form hat sich bei der Arbeit am Drehstuhl gut bewährt, wobei oft nur mit zwei Fingern gekurbelt wird. Nur zum Zurückziehen des Supports oder bei weniger wichtigen Flächen kurbelt man – ebenfalls nur mit zwei Fingern – am Ballengriff. **Abb. 73** zeigt vorerst nur die Maße. Wie das nur auf den ersten Blick komplizierte Teil hergestellt wird, erkläre ich nun:

Der Quergriff wird quasi „von der Stange" gedreht. Man kann bei ähnlichen Teilen nicht einfach ein Materialstück mit 1 mm Überlänge absägen und daraus das Werkstück fertigen. In **Abb. 74** sind lückenlos die Arbeitsgänge mit den jeweiligen Maßen dargestellt. Das Werkstück wird Stück für Stück aus den Futterbacken gezogen, dabei möglichst nicht verdreht.

Zu 1.: Die kleine Kugel wird durch angedrehte 45°-Fasen vorgedreht. Mit einem 40°-Spitzstechstahl wird eine Nut auf Ø 3,5 eingestochen.

Zu 2.: Mit dem gleichen 40°-Stahl wird der Konus (an der Mantelfläche gemessen 11,2 mm lang, etwa 1,5° Obersupport-Verstellung) angedreht und die kleine Kugel mit Nadelfeile und Dreikantschaber verrundet.

Zu 3.: Die mittlere 10-mm-Kugel wird ebenfalls durch Andrehen von 45°-Fasen vorgedreht und hinter der Kugel auf den Ø 4,5 eingestochen.

65

Zu 4.: Die Kugel wird verrundet. Danach spannt man das Werkstück im Waagerecht-Teilgerät (oder auch einfach ausragend im Maschinen-Schraubstock) und fräst zuerst an der kleinen Kugel eine Fläche Ø 4,5 an. Damit sich der dünne Stab nicht nach unten verbiegt, habe ich unter die Kugel Schraubstützen gestellt. In der Mitte dieser Fläche wird eine geriebene Durchgangs-Bohrung Ø 3 gebohrt **(Foto 20)**, die untere Kante anschließend mit einem 90°-Senker leicht angesenkt. Sobald der Zentrierbohrer ganz leicht angesenkt hat, schaut man aus zwei Richtungen, ob diese Senkung exakt in der Mitte der Fläche steht. Ist das nicht der Fall, kann man noch leicht korrigieren. In der 90°-Senkung wird später der Zapfen des Ballengriffs vernietet. An der großen Kugel wird (nach 180°-Drehung) eine Fläche Ø 5 angefräst und in deren Mitte eine geriebene Sackloch-Bohrung Ø 4 zur Aufnahme des Zapfens der Supportspindel gebohrt.

Zu 5.: Mit dem Spitz-Stechstahl wird der zweite Teil des konischen Quergriffs von Ø 4,5 zu Ø 5 weitere 9,7 mm lang gedreht.

Zu 6.: Die zweite 10-mm-Kugel wird durch 45°-Fasen vorgedreht und mit einem normalen Stechstahl ein Restzapfen Ø 3 gestochen. Die Kugel wird wie oben verrundet und mit dem Stechstahl wird das Werkstück komplett abgestochen. Danach kann man den Quergriff auf den beiden 10-mm-Kugeln im Backenfutter spannen und die Abstechseite noch etwas nacharbeiten.

Alle Flächen werden vor den Bohr-Arbeitsgängen auf Hochglanz geschmirgelt. Selbstverständlich ist es besser, für die zwei Kugelgrößen selbst gefertigte Radius-Stechstähle zu benutzen, die Kugeln werden so bei

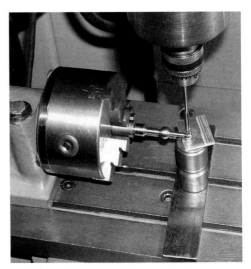

Foto 20: Reiben der 3H7-Durchgangsbohrung in den Kurbel-Quergriff (Arbeitsgang 4 in Abb. 74). Beim Bohren wurde in das untergelegte Alu-Blech mit eingebohrt, darunter zwei Schraubböcke

Ungeübten schöner. Wie man Formstechstähle unter Heimwerkerbedingungen anfertigt, habe ich in (2) Seite 56 bis 58 (siehe Literaturhinweise) beschrieben.

Der Ballengriff wird von der Zapfenseite her angedreht. Der 3-mm-Zapfen soll schon stramm in die Bohrung des Quergriffs passen. Er wird mit 6 mm etwas länger als nötig angedreht. Auch hier sticht man mit einem schmalen oder spitzen Stechstahl 7,5 mm vom Absatzende auf Ø 3 ein und dreht den Ballendurchmesser 6 vor, damit man Orientierungspunkte für das Freihand-Auskurbeln der geschwungenen Form hat. Nachdem auch der Ballengriff auf Hochglanz gebracht wurde, kann man ihn auf die Gesamtlänge abstechen. Die hintere Rundung kann anschließend noch bei Spannung auf den Ø 4,5 nachgearbeitet werden. Für das Vernieten des Griffs wird dieser zwischen Blei- oder Alubacken kurz ausragend im Schraubstock gespannt. Zur Vollständigkeit möchte ich noch erwähnen, dass man beide Kurbelgriffe (auch den für den Obersupport) zugleich anfertigt.

4.3.9. Spindeleinbau

Sobald die kleine Handkurbel fertig ist, kann man an den Einbau der Spindel in die Schiebeplatte gehen. Dazu wird eine kleine Buchse, nennen wir sie Zugbuchse, weil sie den Schlitten zurückzieht, mit einem Außendurchmesser von 8,5 mm nach **Abb. 75** gedreht. Ihre Bohrung wird 5H7 gerieben.

Wie in der Zeichnung mit kleinen Pfeilen angedeutet, werden Spindel und Buchse kräftig gegen die Schiebeplatte gedrückt und in diesem Zustand wird die Buchse mit einem 2-mm-Querstift gegen die Spindel verstiftet. Der Stift soll nicht länger als der Durchmesser der Buchse sein. Damit er sicher klemmt und nicht etwa bei der Arbeit herausrutscht, reibe ich die Handreibahle in solchen Fällen nie ganz durch die Bohrung. So bleibt ein kurzes, konisches Stück in der Bohrung, in welchem der Stift klemmt. Bevor man den Stift mit einem Durchschlag wieder herausschlägt, wird die Einbaurichtung der Buchse mit Körnerschlägen an Buchse und Spindel markiert. Wenn die Buchse wieder ausgebaut ist, schleift man die an der Schiebeplatte anliegende Planseite solange (von Hand und auf einem Stück Schleifleinen) in winzigen Beträgen vorsichtig ab, bis sich die Spindel (nach erneutem Einbau) leicht, aber immer noch ohne spürbares Axialspiel drehen lässt. Mit diesem Abschleifen bestimmt man hauptsächlich das üblicherweise „toter Gang" genannte Spiel in der Supportspindel. Ich gebe den Rat, bei jedem dieser Tests neu mit Waschbenzin zu waschen und zu ölen. Auch die Einsteckrichtung für den 2-mm-Stift markiere ich: einfach dadurch, dass an der Bohrungskante, von wo aus der Stift einzustecken ist, eine leichte Fase angesenkt wird.

4.3.10. Obersupport-Grundkörper

Bei größeren Drehmaschinen ist der Obersupport vielfach „leichter" aufgebaut; er ist wesentlich schmaler und der Verfahrweg kürzer als man es vom Quersupport gewohnt ist. Das machen wir bei unserem Uhrmacherdrehstuhl nicht so. Der Obersupport erhält hier die gleiche Breite wie beim Quersupport, auch das Schwalbenschwanz-Profil entspricht diesem. Und der Verfahrweg wird durch einen ausreichend langen Obersupport-Schlitten so lang gestaltet, dass man auch relativ lange Kegel ohne Nachsetzten andrehen kann. Eine Besonderheit hat unser Obersupport: Der Spindelantrieb ist außer Mitte „nach vorn" versetzt (Maß 5 links unten in **Abb. 76**). Die Supportkurbel steht deswegen bei Arbeiten zwischen den Spitzen etwas weiter vom Reitstock entfernt und kann so noch bedient werden. Einen Einfluss auf die Gängigkeit des Supports hat dieses Außermitte-Setzen nicht – vorausgesetzt, er ist stets gut eingestellt. Es gibt bei industriell hergestellten Uhrmacherdrehmaschinen sogar Obersupports, bei denen

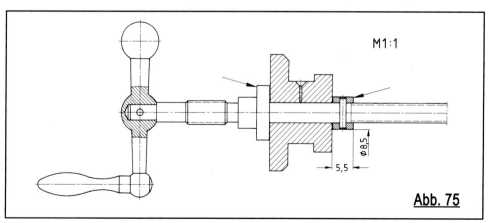

Abb. 75

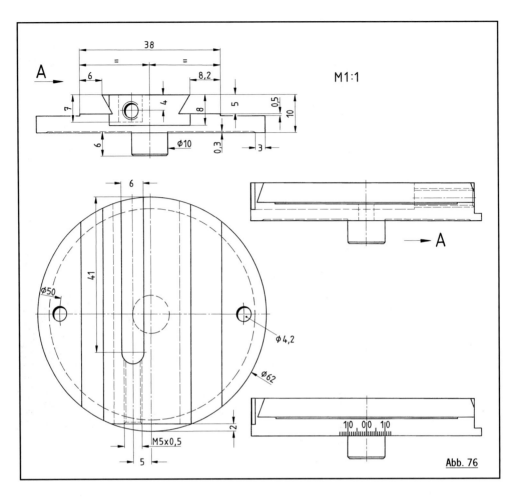

Abb. 76

die Supportspindel links (in Zustellrichtung gesehen) völlig außerhalb des Schwalbenschwanzprofils sitzt.

Der Grundkörper des Obersupports ist zugleich eine Drehplatte, welche auf der Rund-T-Nut aufliegt und eine Winkelverstellung für das Drehen von Kegeln ermöglicht. Er entsteht aus einem Drehteil, an dem noch beträchtliche Fräsarbeiten auszuführen sind. Zum Schluss wird auf den Rand die Gradskala aufgestoßen. Erst nachdem die Drehmaschine vollkommen fertig ist, kann nach einem Drehversuch, bei dem ein exaktes, zylindrisches Werkstück hergestellt wird, der „Null"-Strich mit einem feinen Meißel am oberen Rand des Außenrings (vgl. **Abb. 62**) aufgeschlagen werden.

Bei meiner eigenen Maschine habe ich den Nullstrich mit einer spitzen Reißnadel eingeritzt: die Spitze der Reißnadel wird in den Nullstrich der Gradskala gesetzt (Kopflupe), dagegen vorsichtig die Kante eines Stahllineals so geschoben, dass sie rechtwinklig auf die „andere Seite" reicht. Jetzt achtet man darauf, dass das Stahllineal nicht mehr verrutscht und man kann so den Nullstrich aufritzen.

Ein 18 mm langer Abschnitt von 65-mm-Automatenstahl wird 13 mm ausragend im Backenfutter gespannt, plangedreht und der Zentrierzapfen Ø 10×6 lang angedreht. Der Ø 10 wird spielfrei in die geriebene Bohrung der Zentrierscheibe (vgl. **Abb. 62**) eingepasst. An die vordere Kante des Zapfens wird eine

Foto 21: Zum Glück kann ich meinen (Eigenbau-)Rundtisch auch „hochkant" auf der Maschine spannen

feine Fase angestochen. Die Planfläche wird bis zum Außendurchmesser hochgezogen. Danach wird der Ø 62 angedreht. Wenn man später vor dem Aufstoßen der Gradskala diesen Rand für exakten Rundlauf noch einmal leicht überfräsen will (das empfehle ich und habe es selbst so getan), dreht man den Durchmesser auf 62,3. Die Planfläche erhält einen 0,3 mm tiefen Freistich, so dass nur ein 3 mm breiter Rand außen stehen bleibt. Das hat den Sinn, dass diese Platte später mit Sicherheit nur auf dem Außenring aufliegt. Jetzt wird auf den Zapfen gespannt und der restliche Teil auf Ø 62 (bzw. Ø 62,3) überdreht.

Nun kann eigentlich schon die Gradskala auf einem Waagerecht-Teilgerät oder auf einem „stehenden" Rundtisch (**Foto 21** und **22**) aufgestoßen werden. Das Teilgerät muss allerdings eine 360er-Teilung zulassen. Beim Waagerecht-Teilgerät spannt man in der 10er-Spannzange. Hat das Teilgerät nur ein Backenfutter als Spannmittel, ist das eben erwähnte Rundum-Überfräsen auf einen Ø 62 dringend anzuraten. Beim Rundtisch, der für „hochkant" steht, wird ein Backenfutter exakt rundlaufend auf dessen Spanntisch ausgerichtet, bevor das Teil gespannt wird. Das Aufstoßen erfolgt wieder mit unserem „Spitz-Hobel-Stahl" (ähnlich einem Gewinde-Drehstahl). In **Abb. 76** habe ich rechts unten angedeutet, wie eine Skala in 1-Grad-Teilung aussehen müsste. Die Teilungsstriche sind hier nur 0,54077 mm (errechnet) voneinander entfernt. Es würde auch eine 2-Grad-Teilung

Foto 22: Nahaufnahme vom Aufstoßen der Teilungsstriche an einem Skalenring. Die dabei entstehenden kleinen Häkchen muss man anschließend vorsichtig entfernen

(dann 180er-Teilung) genügen, denn extrem schlanke Kegel (z. B. das Drehen von Geschützrohren) richtet man ohnehin nur in etwa nach der Skala ein, die genaue Einstellung viel besser bei Drehversuchen. Bei einer 2-Grad-Teilung hätten die Teilstriche beim Ø 62 einen Abstand von 1,08155 mm. Die Beschriftung mit kleinen Schlagzahlen habe ich diesmal weggelassen (**Foto 23**). Beim Einstellen von Gradwerten kann man problemlos beim Nullstrich beginnend auszählen.

Foto 23: Die 1°-Skalierung am Rand des Obersupport-Grundkörpers

Der 0|0-Strich liegt später ungefähr „querab" zur Schwalbenschwanz-Führung. Man beginnt jedoch nicht bei diesem. Vor allem beim Teilen auf einem Rundtisch beginnt man beim links liegenden 90°-Strich und teilt fortlaufend (über den 0|0-Strich hinweg) nach der anderen Seite bis zum rechten 90°-Strich. Wenn man die Grad-Skala rundum (also über 360°) aufbringen will, ist es im Grunde gleichgültig, bei welchem Grad-Strich man beginnt. Querab, um 180° versetzt, liegen auch die beiden 4,2-mm-Bohrungen auf dem Teilkreisdurchmesser 50 für die Halteschrauben, die als nächstes eingebohrt werden können.

Jetzt werden die seitlichen Stufen und das Schwalbenschwanz-Profil gefräst. Zuerst die beiden Stufen so, dass ein erhöhter Steg 38 mm breit stehen bleibt. Die Spanneisen drücken dabei auf den „Steg" und der Zentrierzapfen steckt in einer Tischnut. Ohne die Scheibe zu verschieben (drittes Spanneisen!) wird auf die seitlichen, 4,5 mm dicken Absätze umgespannt und der Steg auf 10 mm Höhe überfräst. Nun kann schon die Freinut für die Supportspindel 6 mm breit, 7 mm tief und 41 mm lang eingefräst werden, und am Feingewinde-Ende des Profils wird quer eine Stufe 8 tief ×2 gefräst. Diese Stufe hat den Sinn, dass später der Kernlochbohrer für das Feingewinde-Kernloch auf einer ebenen Fläche anbohrt. Das Feingewinde habe ich auch hier wieder bemaßt, es wird jedoch wie beim Quersupport erst viel später gebohrt.

Danach wird wieder mit Hilfe eines dritten Spanneisens auf die obere Fläche umgespannt und so kann die Schwalbenschwanz-Kontur gefräst werden. Die seitlichen Stufen werden mit einem Fingerfräser, wie schon beim Quersupport-Grundkörper, vorgefräst: links 5,8 breit und 4,8 tief und rechts 8 breit und ebenso tief. Zur Sicherheit würde ich auch die 60° schrägen Einfräsungen mit dem Schwalbenschwanz-Fräser erst vorfräsen, bevor ich auf die Fertigtiefe 5 gehe und die oberen Ecken auf die Maße 6 und 8,2 spitz fräse. Auch hier lässt man die einmal eingestellte

Tiefe 5 für das Fräsen auf der anderen Seite stehen! Das weitgehende Vorfräsen hat auch bei dieser Scheibe den Sinn, gewölbte Flächen wegen möglichem Verzug auszuschalten. Die beiden 30° schräg stehenden Flächen müssen 100%ig parallel sein. Deshalb überfräst man sie zum Abschluss mit zwei feinsten Spänen. Spanabnahmen von 0,05 mm genügen für die Herstellung dieser wichtigen Parallelität!

Die Klemmleiste fertigen wir wie bei 4.3.2. beschrieben. Der Unterschied besteht nur darin, dass sie eine größere Länge von 125 mm hat.

4.3.11. Obersupport-Schlitten

Auch die Anfertigung des Obersupport-Schlittens als prismatischer Körper entspricht dem Gegenstück am Quersupport. Die Maßzeichnung sehen wir in **Abb. 77**. Der Unterschied besteht in den Veränderungen für den Stahlhalter. Die fünf M3-Bohrungen für die Einstellschrauben werden wie gehabt gebohrt. (Bei meiner eigenen Maschine habe ich bei jedem Schlitten sieben Einstellschrauben vorgesehen!) Für die gefederte Stahlhalterklinke wird 5 mm vom vorderen Ende entfernt von unten eine geriebene Durchgangs-Bohrung 4H7 mittig gebohrt. Danach lässt man die Frässpindel auf dieser Stelle stehen, wechselt auf einen 6-mm-Fingerfräser und sticht mit ihm so tief, dass unten nur noch ein Rand von 1 mm Dicke stehen bleibt (Schnitt A-A). Jetzt wird seitlich jeweils 5 mm versetzt und zwei Durchgangs-Bohrungen Ø 2,2 gebohrt. Zusätzlich wird bei gleichem Seitenversatz (Koordinaten-Fräsen) mit einem 7-mm-Fingerfräser eine 1 mm tiefe, ovale Senkung gefräst.

In gleicher Einspannung kann man Bohrung und Senkung für den Stahlhalterbolzen einbohren (Schnitt B-B). Auch hier lässt man die Frässpindel nach dem Bohren der 6H7-

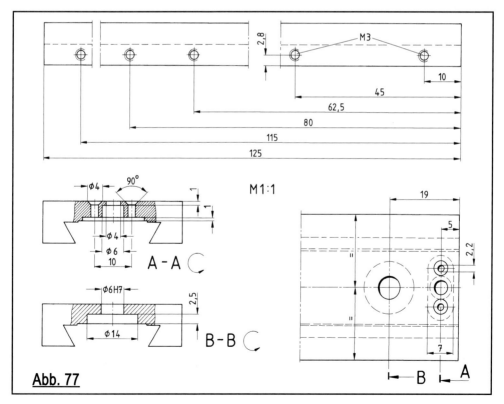

Abb. 77

Bohrung stehen und sticht für den Bolzenkopf mit einem 14-mm-Fingerfräser 2,5 mm tief ein. Danach kehrt man die Schlittenplatte um und erweitert die 2,2-mm-Bohrungen mit einem 90°-Senker auf Ø 4. Alle Bohrungskanten werden leicht gebrochen.

4.3.12. Restteile für den Obersupport

Die Klemmleiste ist 125 mm lang, hat das gleiche Profil wie beim ersten Support. Die Herstellung der Schiebeplatte für den Obersupport gleicht fast der vom Quersupport. Wegen der Außer-Mitte-Anordnung der Spindel ist der Durchmesser des Drehteils jedoch etwas größer (**Abb. 78**).

Nach den Maßen von **Abb. 79** wird zuerst ein gut rundlaufendes Drehteil gefertigt und dessen 54-mm-Rand nach den Maßen von **Abb. 78** rechteckig gefräst und hier ebenfalls eine Fase angedreht. Auch hier wird mit einem 7-mm-Fingerfräser ein Freistich für die linke M3-Befestigungsschraube und für den 2-mm-Zylinderstift auf dieser Seite eingestochen.

Die Montage am Obersupport-Schlitten und das Übertragen der 5H7-Mittenbohrung als Kernloch-Bohrung für das (M5×0,5-)Spindelgewinde in den Obersupport-Grundkörper wird ebenfalls so wie beim Quersupport gemacht. Die Spindel entspricht den Maßen von **Abb. 70**. Das Feingewindestück M5×0,5 wird aber 10 mm länger, statt 80 jetzt 90 mm, gemacht. Beim Skalenring ändern sich die Durchmesser von 30 auf 25 mm bzw. von 29 auf 24 mm. Ansonsten bleiben die Maße gleich denen von **Abb. 71**. Auch der Klemmring hat die Maße von dieser Abbildung. In **Abb. 80** ist die Abwicklung der Skalierung für den Skalenring dargestellt. Eine Kurbelumdrehung entspricht hier 0,5 mm Schlittenfahrt. Bei einer 50er-Teilung kann man also gut in 1/100-mm-Schritten zustellen. Das wird bei der praktischen Arbeit an dieser kleinen Drehmaschine oft benötigt. Kurbel und Zugring macht man ebenfalls wieder, wie wir es schon beim Quersupport gesehen haben. Vielleicht kann man die Kurbel einen

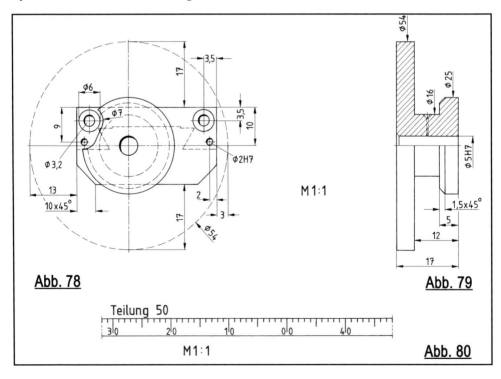

Abb. 78

Abb. 79

Abb. 80

Tick kleiner fertigen; die Maße von **Abb. 73** vielleicht mit dem Faktor 0,9 multiplizieren. Doch das muss nicht sein.

4.3.13. Vierstahlhalter

Mit den Einarbeitungen im Obersupport-Schlitten (Schnitte A-A und B-B in **Abb. 77**) haben wir den Grundstock für einen gut und sinnvoll arbeitenden, gerasteten Vierstahlhalter gelegt. Zuerst muss der Stahlhalterbolzen, um den sich der Klotz dreht, gedreht und im Obersupport-Schlitten montiert werden.

Abb. 81 zeigt noch einmal den Schnitt B-B von **Abb. 77** mit dem bemaßten Bolzen. Der Ø 6 wird gut in die geriebene Bohrung des Schlittens eingepasst. Er soll nicht viel kleiner als 6,00 sein, denn die Bohrung im Stahlhalter-Klotz wird auch gerieben. Die Passung des Bolzens (in **Abb. 81** mit Ø 5,99 bezeichnet) habe ich nicht bis hoch zum M6-Gewinde-Ende hergestellt, sondern nur etwa 6 mm über die Oberkante des Schlittens hinaus. Der Rest hat ein 0,1-mm-Untermaß! Auch der Ø 14 des Bolzens wird gut in den Fräser-Einstich an der Unterseite des Schlittens eingepasst. Ich bin sogar noch einen Schritt weiter gegangen und habe die Bohrung im Obersupport-Schlitten nicht 6H7, sondern 6,5H7 gerieben. Somit musste ich einen dreifach abgesetzten Stahlhalterbolzen drehen. Damit die Fläche (a) sicher anliegt, wird die Kante zum Ø 14 gut gebrochen. Auf die Trennlinie zwischen Ø 14 und Schlitten-Korpus wird von unten her eine Körnung gesetzt und eine M2-Durchgangs-Bohrung gebohrt. Hier dreht man eine M2-Madenschraube als Verdrehungsschutz ein. Damit der Stahlhalterbolzen im Moment des Einbohrens auch garantiert gerade steht, sollte man das erst tun, wenn der Stahlhalter fertig ist und mit dem Knebelschlüssel geklemmt werden kann!

Ergänzen wir noch die Einbauten bei Schnitt A-A von **Abb. 77**. Hier steckt die aus Silberstahl gefertigte und gehärtete Klinke (a in **Abb. 82**). Sie wird von einer kleinen Druckfeder (b) kontinuierlich nach oben gedrückt. Die Druckfeder stützt sich dabei gegen die Platte (c), welche von zwei M2-Senkschrauben (d) gehalten wird. Beide Außendurchmesser werden leichtgängig, aber spielfrei in die Bohrungen im Schlitten eingepasst. Danach wird oben eine Stufe bis zur Mitte eingefräst, die andere Seite etwa 25° angeschrägt. In der oberen Klinkenlage darf nur die Schräge aus der Fläche herausragen. Die untere Länge wird so gekürzt, dass sich die Schräge ganz versenken lässt. Unten erhält die Klinke eine Ausdrehung zur Aufnahme einer

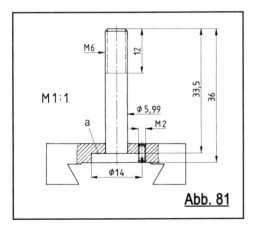

Abb. 81

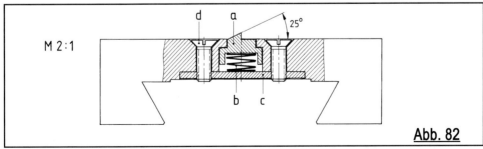

Abb. 82

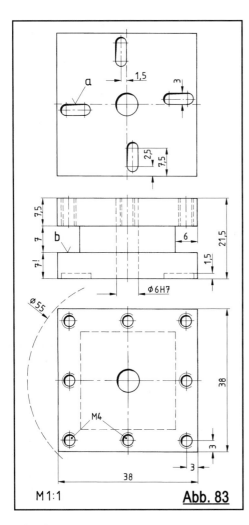

Abb. 83

Abb. 83 zeigt den Vierstahlhalter. Weil die 6H7-Bohrung exakt senkrecht zur unteren Fläche stehen muss, stellt man diesen Klotz am besten zuerst als Drehteil von 55 mm Durchmesser her. Die Fläche, welche mit der Bohrung zusammen gedreht wurde, markiert man in geeigneter Weise. Die Vierkantform wird auf das Außenmaß 40×40 mm vorgefräst. Für das Fertigfräsen auf dem Waagerecht-Teilgerät dreht man einen gut rundlaufenden, fliegenden Dorn. Die markierte Stahlhalter-Unterseite liegt am Bund dieses Dorns an. Die Haltekraft der M6-Mutter ist nicht sehr groß. Deswegen kann der Stahlhalter nur mit relativ kleinen Spänen fertiggefräst werden **(Foto 24)**. Zuerst werden dabei die Fertigmaße 38×38 mm gefräst, bevor die umlaufende, 6 mm tiefe und 7 mm breite Nut eingearbeitet wird. Ganz wichtig ist, dass das Höhenmaß der Stahlauflage-Stufe 7 mm rundum sehr genau wird. Die Stahlauflagefläche (b) sollte bei den Übergängen nicht die geringste Abstufung haben.

(Bei aller Sorgfalt der Teilefertigung stimmte am Ende bei meiner Maschine die schon so genannte Höhenrechnung nicht ganz. Der Stahlhalter stand insgesamt ein paar Zehntel-Millimeter zu hoch, so dass ich beim Betrieb nur 4×4-mm-HSS-Drehlinge hätte benutzen können. Ich musste also die

kleinen Druckfeder. Die Platte (c) wird in die ovale Ausfräsung eingepasst und die beiden M2-Bohrungen werden von oben abgebohrt und die Gewinde geschnitten. Die Köpfe der Senkschrauben dürfen nicht „über die Fläche" ragen. Im montierten Zustand wird die Klinke geölt und muss sich leicht nach unten drücken lassen. Weil in meiner „Federsammlung" keine ausreichend kräftige Druckfeder vorhanden war, habe ich zwei Federn, quasi „koaxial" ineinandersteckend, montiert. Die Platte (c), welche ohnehin aus einem Drehteil entstand, erhielt an der Oberseite dafür zwei flache, angedrehte Zentrierabsätze.

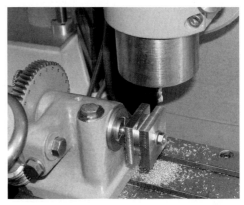

Foto 24: Die Rundum-Nut des Stahlhalters wird mit relativ geringer Spantiefe eingefräst

Stahlauflagefläche (b) rundum etwas tiefer fräsen, damit ich auf eine angestrebte „Stahlhöhe" von etwa 5,1 bis 5,4 mm kam (5×5-mm-Drehling plus Beilagebleche!). Dazu habe ich die feste Backe meines Niederzugschraubstocks mit einem Feintaster exakt zur Zugrichtung des X-Supports ausgerichtet. Die Bodenfläche des Stahlhalters wurde gegen diese feste Backe gespannt und so konnten bei eingestellter und geklemmter Y-Einstellung in vier Spänen rundum die Auflageflächen nachgesetzt werden. Diese Vorgehensweise wäre ein vollwertiger Ersatz für das Einfräsen der Rundum-Nut auf einem Fräsdorn. Übertreiben darf man dieses Nachsetzen nicht. Viel flacher als 6 mm soll die untere Höhe am Stahlhalter nicht sein! In dem Zusammenhang: bei WILMS-Metallmarkt (siehe Händlerverzeichnis) kann man neuerdings Silberstahl auch als Vierkant-Stäbe (quadratischer Querschnitt) in den Abmessungen 1,5 – 2 – 3 – 4 – 5 – 6 – 7 – 8 – 9 – 10 – 12 - 14 – 15 und 20 mm kaufen! Das ist für die Heimwerker höchst interessant, die sich Form-Drehstähle usw. bisher mühselig aus rundem Silberstahl gefertigt haben. Beim Querschnitt 15×15 mm lohnt es sich darüber nachzudenken, ob man die Vierkant-Wangen für unseren Drehstuhl (**Abb. 43 und 50**) nicht besser aus diesem Material macht. Ich denke, dass das Vierkant-Material ebenso schön gerade ist, wie wir es bisher von den Rundstangen gewohnt waren.)

Danach wird der Stahlhalter auf dem Dorn umgespannt und dieser in einem Senkrecht-Teilgerät gespannt. So können mit einem 3-mm-Fingerfräser die 1,5 mm tiefen Rastnuten in die Bodenfläche gefräst werden. In der Zeichnung habe ich die Rastkante mit a bezeichnet. Man tastet sich mit dem Fräser vorsichtig und in kleinen Schritten an die Mittellinie des Stahlhalters heran. Wenn man diese Mitte nicht entsprechend dem Maß auf dem Schlitten (von der Schlittenkante zur Rastklinke gemessen) erreicht, steht der gerastete Stahlhalter später mehr oder weniger schräg auf dem Schlitten – auf die Dauer

Foto 25: Die acht Rastnuten werden bei Spannung in einem Senkrecht-Teilgerät in die Bodenfläche des Stahlhalters gefräst

nicht wünschenswert, weil man so z. B. beim Einrichten von Stechstählen keine gute Orientierung hat. Übrigens habe ich bei meinem Stahlhalter diesmal acht (8×45°) Rastnuten gefräst (**Foto 25**).

Alle Kanten werden leicht gebrochen und die acht Durchgangsgewinde M4 nach Maßangabe gebohrt. Als Zubehör für den Stahlhalter fertigt man sich eine größere Anzahl Beilagebleche, um die Drehlinge richtig auf Höhe einzustellen zu können. Diese Bleche haben hier eine sinnvolle Größe von 32×6 mm. Man benötigt unterschiedliche Blechdicken: 1 – 0,5 – 0,2 – 0,1 – 0,05 mm. Teilweise benutze ich auch Papierstreifen. Wenn man feine Zapfen von vielleicht 0,3 mm Durchmesser drehen will, was mit unserer Maschine keine Besonderheit darstellt, muss die Schneide des Drehlings auf 1/100 mm genau „auf Mitte" eingerichtet werden! Sonst hat man keine reale Chance, so feine Dreharbeiten auszuführen. Legt man Papier- oder Kartonstreifen unter die Drehlinge, kann man mit einer gewissen „Nachgiebigkeit" dieses Materials rechnen. Man kann so in sehr beschränkten Umfang durch unterschiedlich kräftiges Anziehen der Klemmschrauben die Drehstahlschneide sogar etwas in der Höhe „hinschaukeln".

Von ausschlaggebender Bedeutung ist die Beschaffenheit der unteren Auflagefläche des Stahlhalterblocks. Diese soll sehr genau eben sein. Sie kann vom Plandrehen unmerklich hohl oder ballig sein. Es gibt Drehmaschinen, welche keine exakten Planflächen drehen, weil der Rechte Winkel Quersupport-Zugrichtung zur Arbeitsspindelachse nicht stimmt!. Wenn die Fläche hohl ist, wird der Obersupport-Schlitten beim Knebeln des Stahlhalters in dessen Bereich um geringste Beträge verbogen. Das wird dazu führen, dass der Schlitten plötzlich „schwerer geht". Ist die Fläche dagegen ballig, hat der Stahlhalter eine eher „wippende" Auflage, welche für das genaue Einstellen der Höhe der Drehstähle nicht gut ist. Eine unsichere Auflage des Stahlhalters kann auch negative Auswirkungen auf das Drehbild haben. Ich empfehle daher, diese Fläche aber auch die obere Fläche des Obersupport-Schlittens nach Möglichkeit auf einer Flächen-Schleifmaschine noch einmal sehr leicht zu überschleifen. Man kann das Aufeinander-Liegen der Flächen kontrollieren, in dem man auf die Fläche des Schlittens an einer Stelle eine feine Spur Schreibflüssigkeit aus einer Kugelschreibermine radial vom Stahlhalterbolzen nach außen verstreicht, den Stahlhalter aufsetzt und verdreht. Wenn sich die Farbe auf allen Bereichen gleichmäßig verschmiert, liegt die Fläche gut an. An den Stellen, wo sich die Farbe nicht rundum verschmiert, liegt die Fläche hohl und müsste entsprechend nachgearbeitet werden.

Für den Stahlhalter müssen acht Klemmschrauben nach **Abb. 84** angefertigt werden (siehe auch **Foto 26**). Wer auf Dauer keinen Ärger mit ständig zerdrückten Gewindeenden haben will, fertigt diese Schrauben aus Silberstahl, härtet zumindest die angedrehten Zapfen und lässt sie hellgelb an. Die Köpfe können ein Vier- oder Sechskant nach einem

Foto 26: Nahaufnahme vom Vierstahlhalter. Es wurden bereits drei Drehstähle gespannt. Die vordere Bohrung vom Einstechen der Rundum-Nuten (vgl. Abb. 63 und Foto 16) wurde mit einer Ms-Schraube verschlossen

vorhanden Steckschlüssel oder auch nur einen Schlitz für einen Schraubendreher haben. Ein Tipp am Rande: Ich habe mir schon schöne kleine Sechskant-Steckschlüssel aus entsprechend großen Inbus-Schrauben gemacht. Für meine Klemmschrauben habe ich Vierkantköpfe gefräst und dafür sogar einen kleinen Steckschlüssel angefertigt (vgl. weiter unten bei der Eigenbau-Planscheibe). Bleibt noch die Anfertigung des Knebelschlüssels. So richtig schön wird er, wenn man ihn nach **Abb. 85** „aus dem Ganzen" aus Automatenstahl dreht und anschließend entsprechend abwinkelt.

Dazu muss er jedoch an der Biegestelle mindestens mit einem Schweißbrenner auf

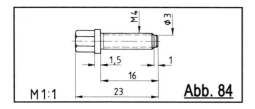

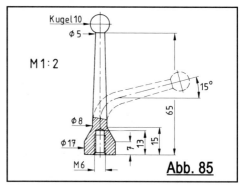

Foto 27: Eine andere Sicht auf den Stahlhalter mit seinem Klemm-Knebel. In der Arbeitsspindel steckt eine feste Spitze

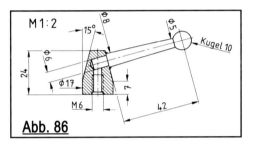

Abb. 86

Rotglut erhitzt werden. Die Abbiegung muss in die richtige Richtung erfolgen! Bei angezogenem Schlüssel soll der Kugelknebel nach rechts zeigen. Um den konischen Schaft vom Ø 5 zu Ø 8 auf 50 mm Länge zu drehen, muss übrigens der Obersupport rund 1,7° verstellt werden.

Wer die Gelegenheit eines Schweißbrenners nicht hat, baut den Schlüssel „konventionell" (**Foto 27**). Die bemaßten Teile Knebelmutter und Knebel zeigt **Abb. 86**. Sie werden aus Automatenstahl oder auch Messing gedreht und durch Weichlötung gefügt.

4.4. Reitstock

In **Abb. 87** habe ich einen Längsschnitt durch den Reitstock zum Aufstecken auf eine Rundwange (vgl. **Abb. 39**) gezeichnet. Einige wichtige Maße habe ich bereits angegeben. Der Reitstock, dessen Grundkörper (1) man aus Alu fertigen kann, wird von zwei Stahl-Steinen (10) zentriert. Ihre Herstellung entspricht den gleichen Steinen beim Spindelstock. Oben wird in eine übergroße Bohrung etwa vom Ø 20 eine dünnwandige Stahl-Buchse (2) zur exakten Zentrierung eingegossen. Die Stahl-Pinole (4) hat am Kopf eine Verdickung. Es werden die gleichen Spannzangen wie beim Spindelstock aufgenommen. Das Anzugsrohr (5) hat die gleiche Länge wie jenes von der Arbeitsspindel. Lediglich das Alu-Handrad (7) hat einen geringeren Durchmesser von nur 50 mm. In die M6-Bohrung (9) wird später das Gegenlager für den Handhebel eingeschraubt.

Aus der **Abb. 87** entwickelt sich die Vorderansicht des Reitstocks (**Abb. 88**). Hier habe ich die Knebelschraube mit dem Knebel zur Klemmung des Reitstocks bemaßt eingezeichnet. Weniger wichtige Maße kann man der 1:1-Zeichnung entnehmen. Zuerst wird der Klotz auf die Außenmaße 35×50×97,5 mm gebracht. Die Bohrungen Ø 24H7 und Ø 20 werden gebohrt. Der Achsenabstand 63 mm muss nicht sehr genau stimmen. Auch der Ø 20 ist ein Freimaß. Hier wird später die Führungsbuchse für die Pinole eingegossen. Der 10 mm breite Schlitz an der Unterseite wird eingefräst und die Bohrungen für die Knebelschraube gebohrt. Die 15 mm tiefe asymmetrische Einfräsung an der Vorderseite des Grundkörpers ist nötig, damit man mit dem Obersupport beim Drehen zwischen den Spitzen näher an den Reitstock herankommt. Höhenlage und Drehkreis der kleinen Kurbel habe ich bei (a) angedeutet. Damit man im oberen Teil die Wandstärke von 2,5 mm zur 20-mm-Bohrung einhalten kann, dreht man sich eine Anreißschablone (vgl. auch (7) Abb. 107 D, siehe Literaturhinweise). Nach diesem Anriss kann man auch die 45°-Fasen anfräsen. Die Rückseite wird für ein gutes Aussehen 4° schräg angefräst. Die M6-Bohrung für das Handhebel-Gegenlager (9) sitzt mittig.

Für den Einbau der Steine (10) ist in besonderer Weise Vorsorge zu treffen. Zu diesem Zeitpunkt sind der Spindelstock mit der vor-

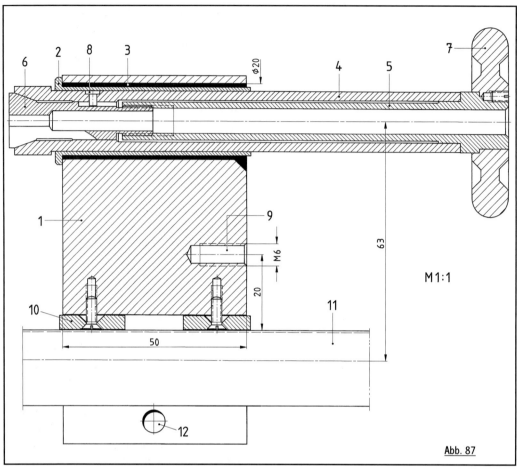

Abb. 87

1: Reitstock-Grundkörper, 2: Gleit-Buchse, 3: Harzverguss, 4: Pinole, 5: Anzugsrohr, 6: Spannzange, 7: Handrad, 8: Verdrehungsschutz, 9: M6-Bohrung für Gegenlager des Handhebels, 10: Zentriersteine, 11: Rundwange, 12: 6,5-mm-Bohrung für Knebelschraube

gedrehten Arbeitsspindel und der noch nicht „genullte" Kreuzsupport fertig. Die nächsten sinnvollen Arbeitsgänge sind die Herstellung beider Anzugsrohre, das Einschlagen des 0-Strichs am Außenring für die Gradskala und das Ausdrehen der Zangenkontur in der Arbeitsspindel. Für die beiden letzten Vorhaben muss der Obersupport auf ganz exaktes zylindrisches Drehen eingerichtet werden. Das wird bei einem Drehversuch gemacht. Doch fertigen wir zuerst die Anzugsrohre. Die Rohre selbst sind bei Arbeitsspindel und Reitstock vollkommen gleich (**Abb. 89**). Sie werden aus 18er-Automaten-Stahl gedreht. Die lange Bohrung habe ich nach dem Zentrierbohren von beiden Seiten vom Ø 5 an in 0,5-mm-Schritten aufgebohrt. Der 5-mm-Bohrer war werksneu. Mit dem jeweils nächst größerem Bohrer bohrt man reichlich über die halbe Länge des „Rohrs". So treffen sich die beiden Bohrungen relativ genau in der Mitte. Damit beim Umspannen immer wieder der Rundlauf der ursprünglichen Zentrierung erreicht wird, macht man sich auf dem Umfang des Werkstücks wieder Markierungen für das Einspannen im Backenfutter (ein eingeritztes

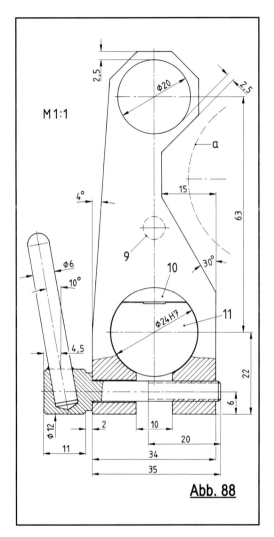

◀ 1: Reitstock-Grundkörper, 2: Gleit-Buchse, 3: Harzverguss, 4: Pinole, 5: Anzugsrohr, 6: Spannzange, 7: Handrad, 8: Verdrehungsschutz, 9: M6-Bohrung für Gegenlager des Handhebels, 10: Zentriersteine, 11: Rundwange, 12: 6,5-mm-Bohrung für Knebelschraube

Kreuz genügt auch). Dabei ist es nicht unbedingt nötig, den Ø 6,7 ganz durchzubohren. Den hinteren Teil der Bohrung kann man auch Ø 6,0 bohren. Beide Bohrungsenden erhalten 60°-Senkungen, damit die Außenkontur zwischen den Spitzen fertiggedreht werden kann. In dem Fall habe ich die Senkungen einfach mit einem Dreikantschaber „von Hand" 30° schräg eingedreht. Automatenstahl kann man sehr gut und sicher „drechseln". Eine relativ große 60°-Senkung am Innengewinde-Ende ist zudem als „Suchkante" beim Aufstecken auf die Spannzangen-Gewinde hilfreich. Die Außendurchmesser werden nach Maßgabe zwischen den Spitzen gedreht. Die beiden Handräder dreht man nach **Abb. 90** aus Alu.

Das Handrad für den Reitstock hat nur einen Durchmesser von 50 mm. Die seitlichen Ausdrehungen sticht man mit einem 60°- oder 90°-Stechstahl ein. Vor allem das Handrad für den Spindelstock sollte gut rund laufen. Man dreht es von der Seite mit der Ø 16-Ausdrehung fertig. Erst nachdem es auf dem Anzugsrohr montiert ist, wird die

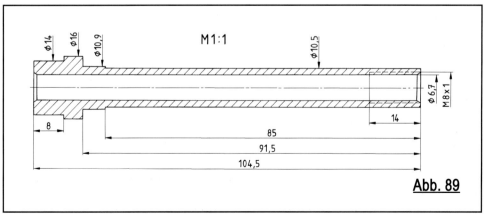

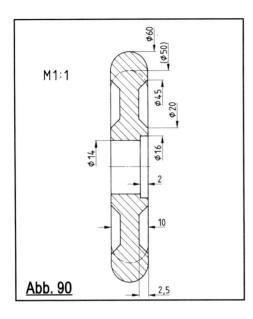

Abb. 90

Rückseite fertiggedreht. Die Bohrungsdurchmesser 14 und 16 werden relativ stramm auf die Enden der Anzugsrohre aufgepasst. Als sehr sicheren Verdrehungsschutz setzt man eine M3-Madenschraube auf die Trennlinien zwischen Handrad und Anzugsrohr. Weil der Kernlochbohrer dabei gern nach der Seite mit dem weicheren Material ausweicht, versetzt man den Körnerschlag bewusst mehr auf die Stahlseite (vgl. **Abb. 1** (n) und **Abb. 87**). Damit die Handräder „griffiger" werden, habe ich auf den gerundeten Außenrand mit einem Fingerfräser stets zahlreiche Kerben eingestochen (Teilgerät). Auf den **Fotos 33, 37** und **52** sind diese zu sehen. Man darf aber nicht vergessen, die Kanten dieser Kerben gerundet kräftig zu brechen.

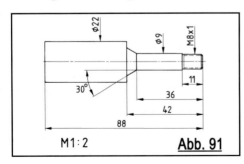

Abb. 91

Für den schon angesprochenen Drehversuch dreht man nun einen Testdorn nach **Abb. 91** aus Messing. Der Ø 9 wird in die geriebene Bohrung der vorgedrehten Arbeitsspindel eingepasst und mit dem Anzugsrohr festgezogen. Ich gehe davon aus, dass zu diesem Zeitpunkt der 2-mm-Mitnahmestift in der Arbeitsspindel noch nicht montiert ist. Deswegen muss unser Testdorn auch keine Längsnut auf dem 9-mm-Stück erhalten. Auf dem Ø 22 können nun feine Testspäne abgehoben werden. Wir wollen damit erreichen, dass die Zugrichtung des Obersupports exakt parallel zur Achse der Arbeitsspindel steht. Wir drehen nur 40 mm lange Späne auf dem Ø 22 an, nicht länger! Das hintere, 6 mm lange Stück brauchen wir anschließend noch für einen anderen Zweck. Ich möchte an dieser Stelle, weil es so wichtig ist, noch einmal die Voraussetzungen für einen guten Drehtest auf Messing nennen:

1. wir verwenden Drehmessing,
2. der frisch geschliffene Drehstahl erhält keine Spanrille (Spanwinkel also 0°),
3. die Hauptschneide des Drehstahls steht rechtwinklig zur Drehachse (kein Anstellwinkel),
4. die Schneidenecke zur Nebenschneide erhält keine Rundung oder Fase angeschliffen, die schräg nach unten stehende Kante der beiden Freiflächen wird nur mit einem flach angelegten, feinen Abziehstein leicht gebrochen,
5. der Drehstahl schneidet rundum, also nicht im „unterbrochenen Schnitt",
6. die Spantiefe beträgt nur wenige Zehntel-Millimeter,
7. der Vorschub ist gering, jedoch gleichmäßig (Hand-über-Hand-Drehen).

Zwischen den Drehversuchen wird die Stellung des Obersupports mit leichten Schlägen solange verändert, bis der Zylinder auf 1/100 mm exakt stimmt (**Foto 28**). Die beiden Klemm-Muttern löse ich dabei nicht vollkommen. Gemessen wird am besten mit

Foto 28: Die ersten Späne werden aus Anlass des Einrichtens des Zylindrisch-Drehens an einem Ms-Probedorn (Abb. 91) abgehoben. Dabei wird erstmalig die Justier-Einrichtung benutzt. Die Quersupport-Abdeckung ist noch nicht vorhanden

derdrehen erreicht, kann in dieser Stellung der 0-Strich auf dem Außenring (1 in **Abb. 62**) gegenüber dem 0|0-Strich auf dem Obersupport-Grundkörper mit einem nur 2 mm breiten Meißel aufgeschlagen werden. Dazu überträgt am den 0|0-Strich zuerst mit einem feinen Anriss auf die andere Seite. Hier kann man nun den kleinen Meißel anlegen und ihm einen leichten Schlag versetzen (eine andere Variante). Bei all diesem arbeitet man unter einer Kopflupe.

Der Obersupport unseres Drehstuhls ist jetzt „genullt" und wir können nun für das Kegeldrehen Winkel einstellen. Diese Funktion wenden wir auch sofort an. Der Drehversuch an unserem Dorn wird abgesägt oder abgestochen und an das verbliebene Reststück (siehe oben) wird eine 60°-Spitze als ungefähre Zentrierung für die 20-mm-Bohrung im Reitstock-Grundkörper angedreht.

Abb. 92 zeigt, wie der hinterste Stein gegen den Reitstock-Grundkörper mit einem 2-mm-Zylinderstift verstiftet wird. Beide Steine sind eingesteckt. Die Rundwange überragt jedoch den hinteren Zentrierstein nur zum Teil, damit daneben noch gebohrt werden kann. So wird der Spindelstock mit der 20-

einer Feinmessschraube (Mikrometer). Einen digitalen Messschieber kann man auch verwenden, doch man muss sich dabei bemühen, die Messschenkel stets gleich kräftig zusammenzudrücken. Haben wir ein exaktes Zylin-

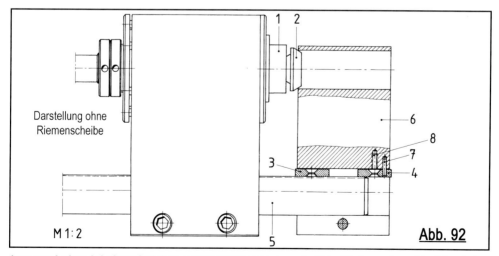

1: vorgedrehte Arbeitsspindel, 2: gekürzter Testdorn nach Abb. 83, 3: vorderer Zentrierstein, 4: hinterer Zentrierstein, 5: Rundwange, 6: Reitstock-Grundkörper, 7: 2-mm-Zylinderstift, 8: M3-Bohrung

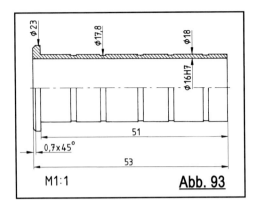

Abb. 93

mm-Bohrung gegen den angedrehten Kegel geschoben und die Wange sowohl im Spindelstock als auch im Reitstock-Grundkörper geklemmt. In diesem Zustand kann das geriebene 2-mm-Stiftloch (7) und das Kernloch für das M3-Gewinde gebohrt werden. Dazu verwenden wir die verlängerten Bohr- und Gewindeschneidwerkzeuge, welche wir schon beim Spindelstock benutzt haben. Sobald der hintere Stein verstiftet ist, wird die Wange durch den Reitstock-Grundkörper geschoben und für den zweiten Stein in gleicher Weise verfahren. Damit ist die 20-mm-Bohrung im Reitstock provisorisch zur Arbeitsspindelachse ausgerichtet und die Gleitbuchse für die Pinole kann eingegossen werden.

(Es hat sich als günstig erwiesen, wenn der vordere Stein (3) etwa 2 mm aus dem Reitstock-Grundkörper herausragt. Das ist eine gute Auflage-Hilfe beim Aufstecken des Reitstocks auf die Wange.)

Nach den Maßen des Halbschnitts **Abb. 93** wird diese Gleitbuchse gedreht. Die Herstellung entspricht weitgehend der Buchse von **Abb. 54**. Der Innenfreistich im Mittenbereich entfällt hier. Die 16-mm-Bohrung muss selbstverständlich gerieben werden. Nach dem Abstechen am Bund-Ende kann man diese Seite noch nachdrehen (auf Gesamtlänge plandrehen und andrehen der Fase). Dazu muss man jedoch, um die dünnwandige Buchse nicht hoffnungslos zu verformen, ein ausreichend langes (gratfreies) 16-mm-Materialstück in die Bohrung stecken. Auch bei dieser Buchse sticht man in den Außendurchmesser gering tiefe Rillen ein, für den angestrebten Zweck genügt schon 0,1 mm Tiefe!

Jetzt kann schon die Reitstock-Pinole nach **Abb. 94** gedreht werden. Auch bei diesem Teil wird, wie bei der Arbeitsspindel, zuerst die Bohrung vorgebohrt, danach die Außenkontur zwischen den Spitzen gedreht und zum Schluss die Zangenkontur eingedreht. Soweit die Grobdarstellung, die Arbeitsgänge im Einzelnen:

1. 123 mm langen Abschnitt von 20-mm-Automatenstahl an beiden Enden auf 122 mm Länge plandrehen,
2. Zangenende zentrierbohren und mit einem fabrikneuem 9-mm-Bohrer möglichst tief vorbohren,

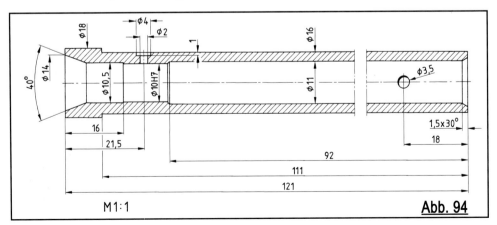

Abb. 94

3. Ausdrehen Ø 10,5×16,5 mm tief,
4. Eindrehen einer etwa 1,5 mm breiten 30°-Fase für die Zentrierspitze,
5. hinteres Ende zentrierbohren und mit dem gleichen 9-mm-Bohrer ganz durchbohren,
6. mit 11-mm-Bohrer 92 mm tief bohren,
7. Eindrehen einer Zentrierfase 1,5×30°,
8. Zwischen den Spitzen fertigdrehen Ø 16×111 lang, der Ø 16 wird spielfrei in die Bohrung der Gleitbuchse von **Abb. 93** eingepasst,
9. Überdrehen Ø 18,
10. Kanten leicht brechen,
11. eine möglichst lange, ausgedrehte Klemmbuchse (Innen-Ø 16, Außen-Ø 18) wird im Backenfutter gedreht und darin die vorgedrehte Pinole geklemmt,
12. Plandrehen auf Fertiglänge 121 mm,
13. mit schlankem Bohrstahl die 9-mm-Bohrung auf Ø 9,8 ausdrehen (Durchmesserbestimmung siehe ein Stück weiter unten!),
14. Ø 10H7 mit Maschinenreibahle reiben,
15. 40°-Zangenkonus bis zum Ø 14 mit feinen Spänen ausdrehen (scharfer Drehstahl, geringer Vorschub),
16. 18 mm vom hinteren Ende entfernt werden zwei Querbohrungen Ø 3,5 gebohrt (Teilgerät), hier stecken später die beiden Stiftschrauben des Handhebels,
17. 21,5 mm vom vorderen Ende entfernt wird eine 2-mm-Bohrung gebohrt und in gleicher Einspannung mit einem 4-mm-Fingerfräser eine 1 mm tiefe Senkung eingestochen, dabei liegen die 3,5-mm-Bohrungen quer, hier wird später der Stift für den Verdrehungsschutz eingepasst,
18. Nachreiben der Bohrung 10H7, um den Grat an der 2-mm-Bohrung zu entfernen.

Bei meiner Maschine habe ich den 2-mm-Querstift in der Reitstock-Pinole weggelassen, er ist nicht unbedingt nötig. Bevor wir die Gleitbuchse für die Pinole in den Reitstock eingießen können, muss der Spindelkopf der

Foto 29: Hier wird der Außenkonus an der Arbeitsspindel mit feinen Spänen angedreht. Die eingeklebte, gehärtete Buchse ist sichtbar

Arbeitsspindel mit innerer Zangenkontur und dem Außenkonus fertig gedreht werden. Beides wird auf dem eigenen Drehstuhl gemacht und nicht etwa nach Ausbau auf einer anderen Drehmaschine (**Foto 29**). Die 9-mm-Bohrung (vgl. **Abb. 21**) wird ebenfalls auf einen Ø 9,8 ausgedreht.

Wir hatten das Gleiche eben bei der Pinole gemacht. Die tief innen liegende Bohrung kann man mit den Messschnäbeln des Messschiebers nicht erreichen. Die einfachste Art ist die, dass man sich einen ausreichend langen „Messkaliber" mit einem Ø 9,7 dreht. Man dreht die Bohrung mit 1/10 mm Zustellung pro Span vorsichtig aus und sobald man diesen Kaliber-Dorn einstecken kann, hat man etwa den Ø 9,8 erreicht. Die andere Möglichkeit setzt schon beim Vordrehen der Arbeitsspindel an: Man unterlässt das 17 mm tiefe Ausdrehen auf den Ø 10,5. So kann man den aktuellen Durchmesser ganz vorn messen. In ähnlicher Weise kann man auch bei der Pinole arbeiten. Hier würde man den Arbeitsgang mit der Nummer 3. weglassen.

Wie auch immer, nach dem Ausdrehen muss 10H7 gerieben werden. Ich sehe zwei Möglichkeiten:
1. Wir nutzen die einigermaßen stimmige 20-mm-Bohrung im halbfertigen Reitstock-Grundkörper. Für den Schaft einer

10H7-Handreibahle drehen wir eine Zentrierbuchse, der Außen-Ø ist 20, der Innen-Ø entspricht dem Schaft der Reibahle. So kann die in geeigneter Weise festgestellte („Spindelarretierung") Arbeitsspindel von Hand ausgerieben werden. Dieser Methode gebe ich den Vorrang.

2. Hierbei muss die Arbeitsspindel ausgebaut und wieder auf dem Wälzlagersitz in einer ausgedrehten Klemmbuchse auf einer anderen Drehmaschine gespannt werden. Der Vorteil besteht darin, dass eine Maschinenreibahle verwendet werden kann. Ich habe es so gemacht. Und weil mein Backenfutter sehr gut rund läuft konnte ich sogar auf die ausgedrehte Klemmbuchse verzichten.

(Die Arbeitsspindel muss nach dem Fertigstellen des Spindelkopfes ohnehin noch einmal ausgebaut werden, damit der kleine Mitnehmerstift eingesteckt werden kann. Er ragt vorerst wenige Zehntel-Millimeter über die Lagersitzfläche und wird durch Feilen vorsichtig zu dieser Fläche abgearbeitet. Er muss also nicht sehr stramm eingepasst werden. Auf den 35-mm-Rand des Spindelkopfes macht man sich eine kleine Feilmarkierung an der Stelle, wo der Stift auf dem Umfang sitzt. Das erleichtert später enorm das häufige Einstecken der Spannzangen. Man dreht die Spindel mit der Markierung nach oben und steckt die jeweilige Zange mit der Längsnut ebenfalls nach oben ein. So sucht man nicht lange nach der Stiftstellung. Anders dagegen beim Mitnehmerstift in der Pinole: Hier muss der Stift stramm eingepasst werden. Man kann ihn jedoch auch ganz weglassen. So groß sind die Verdrehungskräfte z. B. beim Bohren nie, dass eine Stiftsicherung bestehen muss!)

Nun wird auch bei der (wieder eingebauten) Arbeitsspindel der 40°-Zangenkonus auf den Ø 14 ausgedreht – und die Freidrehung Ø 10,5×17 tief, falls man sie noch nicht hat. Die vordere Planfläche wird noch einmal fein und sauber überdreht und der Außenkonus angedreht. Der „untere", kleine Durchmesser beträgt dabei 18 mm und der obere Durchmesser 23 mm (Ø 25 vorgedreht). Hat man einen Spindelkopf nach **Abb. 23** für einen Futterflansch, muss auch die Planfläche hoch zum Ø 35 noch einmal fein überdreht werden. (Es versteht sich von selbst, dass in dem Fall auch das Spindelkopfgewinde M22×1 zwischen den Spitzen mit dem Stahl gedreht werden muss!)

Foto 30: Drehen des Doppel-Zangedorns zwischen zwei „festen Spitzen". Das Foto zeigt den Moment des Andrehens vom zweiten Zangenkonus mit einem Abstechstahl

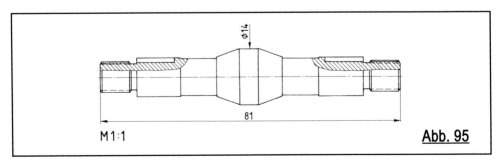

M 1:1   Abb. 95

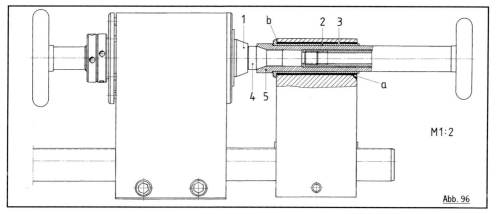

1: Arbeitsspindel, 2: Gleit-Buchse, 3: Herzverguss, 4: Doppel-Zangendorn,
5: Reitstockpinole, a: Eingießschräge, b: Alleskleber-Dichtung

Wir müssen jetzt den für das zentrierte Eingießen der Gleitbuchse in den Reitstock-Grundkörper notwendigen Doppel-Zangendorn nach **Abb. 95** drehen. Ich habe ihn der Einfachheit halber aus Automatenstahl gedreht, zu sehen im **Foto 30**. Er muss zwischen den Spitzen – am allerbesten zwischen zwei „festen Spitzen" – gedreht werden, damit ein 100%iger Rundlauf der wesentlichen Flächen erreicht wird! Die nicht angegebenen Maße entsprechen denen der **Abb. 29**. Wenn in der Pinole kein Mitnehmerstift vorgesehen ist, kann die 2-mm-Längsnut an der zweiten Seite entfallen. (Aus dem Doppelzangen-Dorn habe ich später durch Kürzen einen Bohrfutterdorn hergestellt!)

Der „Versuchsaufbau" für das Eingießen der Gleitbuchse in den Reitstock ist in **Abb. 96** und im **Foto 31** zu sehen. Zuvor fräsen wir wieder 45° schrägstehend einen Einguss (a) in den hinteren Rand der 20-mm-Bohrung. Die Planfläche bei (b) habe ich vor dem Gießen wieder mit Sekundenkleber abgedichtet. Vorsichtig wird der Reitstock-Grundkörper an diese Dichtung herangeschoben und so auf der Wange geklemmt. Praktisch werden Pinole und aufgesteckte Gleitbuchse freitragend in die 20-mm-Bohrung gehalten. Um ganz sicher zu sein, würde ich vor dem Aufstecken des Reitstocks die Arbeitsspindel drehen und

Foto 31: Bei senkrecht stehenden Wangen wird die Pinolen-Gleitbuchse in den Reitstock-Grundkörper eingegossen (vgl. Abb. 96)

mit einer Messuhr prüfen, ob es einen radialen Rundlauffehler gibt. Wenn alles stimmt, stellt man die Arbeitsspindel senkrecht, mit dem Reitstock-Handrad nach oben, und man kann nun das Gießharz eingießen. Wenn sie alle meine Ratschläge, besonders bezüglich des Rundlaufs aller Teile, beachtet haben, werden Reitstock-Pinole und Arbeitsspindel anschließend exakt fluchten – die wichtigste Anforderung an eine Drehmaschine, gleich welcher Größe.

4.4.1. Reitstöcke bei anderen Wangenarten

Befassen wir uns nun mit der Einrichtung der Reitstöcke bei den anderen Formen der Wangen. Ähnlich der eben beschriebenen Form ist der Reitstock gestaltet, wenn die Zentriersteine senkrecht stehen (vgl. dazu **Abb. 49**). In

Abb. 97 ist die Vorderansicht für diese Form dargestellt. Der Einbau der Steine und das Eingießen der Gleitbuchse wird so gemacht, wie es eben beschrieben wurde. Nach dem Zentrieren der 20-mm-Bohrung werden die Steine wie üblich verstiftet und verschraubt, jedoch diesmal von der Seite her, alles andere wie gehabt.

Abb. 98 stellt einen Reitstock dar, wenn zwei 18-mm-Wangen im Spindelstock stecken. Es ist das konstruktive Gegenstück zur **Abb. 51**. Auch hier wird für den Drehkreis der Obersupport-Kurbel ein entsprechender Freiraum geschaffen (gestrichelt). (a) ist wieder ein 3-mm-Zylinderstift als Verdrehungsschutz. (b) ist die Druckfeder, welche die anhängende Klemmplatte sicher nach unten drückt. Damit diese lang genug sein kann, steckt sie in einer Senkung (c) der Platte. Bei (d) habe ich den Anriss dargestellt, den man an der Stirnseite aufreißen soll, um beim Anfräsen der Längsfasen die Wandstärke von 2,5 mm einzuhalten. Die anderen, weniger wichtigen Maße kann man der Zeichnung entnehmen.

Abb. 99 ist ein Reitstock, bei dem alle drei Hauptbohrungen per Koordinaten-Bohren hergestellt werden. Und **Abb. 100** entspricht meinem Vorschlag von **Abb. 55**. Den Harzverguss habe ich wieder geschwärzt. Dabei ist (a)

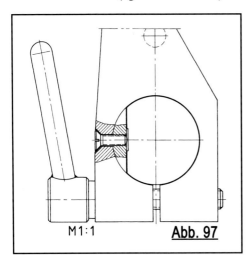

Abb. 97

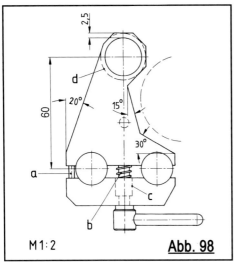

Abb. 98

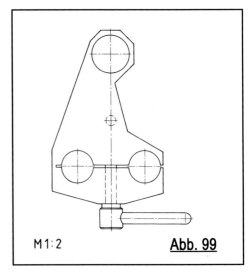

Abb. 99

der Harz-Einguss an der hinteren Stirnseite. Hier empfiehlt es sich, eine Knebelmutter anzuwenden. Ein M6-Bolzen wird im oberen (kürzeren) Teil mit einem 3-mm-Querstift (b) gehalten. Die drei Varianten von **Abb. 98** bis **Abb. 100** kann man unabhängig der Ausführung am Kreuzsupport anwenden. Nach der Variante von **Abb. 100** wird selbstverständlich zuerst die Buchse auf der zweiten Wange eingegossen; erst später oben jene für die Pinole. Die Buchse für die Wange wird jedoch länger als die in **Abb. 54**. Das Maß 40 wird in 51 geändert.

Bei Vierkantstäben als Wangen gemäß der **Abb. 43** und **50** ist es notwendig, den Reitstock nach **Abb. 101** auszuführen. In den Klotz mit Aufmaß (c) werden zuerst an der Unterseite die beiden 45° schrägstehenden Prismennuten, beide auf 19 mm „Breite", eingefräst. Den Freistich (a) sollte man wieder nicht vergessen. Bei der unten anhängenden Klemmplatte werden die Nuten auf 13 mm Breite gebracht. Es ist zu erwähnen, dass die Klemmplatte nicht unbedingt die Länge des gesamten Reitstocks (50 mm) haben muss, 30 mm genügen vollkommen. Das gilt auch bei der Art nach **Abb. 98**. Für ein möglichst zentrisches Eingießen der Gleitbuchse in die obere Bohrung sind das Maß 58,5 und die beiden Breiten 19 mm ausschlaggebend. Das Maß 19 mm kann man nicht richtig messen. Unter Umständen haben sich am Spindelstock hier schon geringe Fehler eingeschlichen. Deshalb empfehle ich, die Bohrung Ø 20 erst einzubohren, wenn die 19-mm-Prismennuten fertig sind und der Reitstock mit der Platte geklemmt werden kann. Der Klotz hat vorerst noch Aufmaß (gestrichelt). Der Kegel unseres Zentrierdorns (2 in **Abb. 92**) wird abgedreht und der Durchmesser auf ein Maß 20 mm überdreht. Jetzt wird der noch ungebohrte Reitstock an diese Dorn-Planfläche herangeschoben, so geklemmt und der Kreis an der Reitstock-Stirn angerissen (**Foto 32**).

Dieser Anriss ist eine gute Grundlage für das Bohren der 20-mm-Durchgangs-Bohrung! Ich habe diese Bohrung „ausgespindelt". Bei den letzten Ausbohrspänen mit dem Bohrkopf konnte dabei der Frästisch vorsichtig so verschoben werden, dass der 20-mm-Anriß nahezu genau erreicht wird. Erst wenn dieser Durchmesser erreicht ist, wird die 2,5-mm-Wandstärke angerissen (d in **Abb. 98**/gedrehte Anreißschablone) und der Reitstock endgültig profiliert (Wandstärke 4 mm vorn und 24°-Schräge hinten). Bei meiner eigenen Maschine habe ich den Stift (b in **Abb. 101**) nicht seitlich neben die hintere Wange, sondern

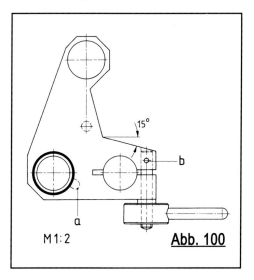

Abb. 100

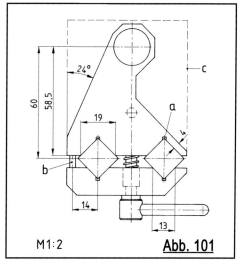

Abb. 101

zwischen die Wangen gesetzt. Somit konnte der Reitstock insgesamt schmaler werden.

An dieser Stelle möchte ich auf eine Arbeitsweise eingehen, die ich bei meinem Bauplan mit Anleitung „Kleindrehmaschine" für das zentrische Bohren des Pinolenlagers vorgeschlagen habe: Die Maschine ist bis auf den Reitstock fertig, das Pinolenlager aber noch nicht gebohrt. In der Arbeitsspindel-Spannzange (oder im Backenfutter) wird ein größerer Zentrierbohrer gespannt. Der Reitstock wird mit seiner Stirn an den drehenden Bohrer herangeschoben und dabei nur so fest geklemmt, dass er von einem Schraubbock, der hinter dem Reitstock zusätzlich auf der Wange geklemmt wird, noch verschoben werden kann. Die kräftige „Vorschub-Schraube" wird gedreht und damit eine recht große Zentrierbohrung in die Stirn des Reitstocks gebohrt. **Abb. 102** zeigt das Verfahren, welches eine genaue Zentrierung für die Reitstock-Pinole

Foto 32: So kann die richtige Lage der 20-mm-Bohrung an der Reitstock-Stirn angerissen werden

erzeugt. Bei (12) sitzt bei dieser Maschine die Riemenscheibe. Über die Zentrierung wird mit einem Feintaster die Spindel der Fräsmaschine gerichtet und anschließend kann die Pinolenbohrung gebohrt und gerieben werden.

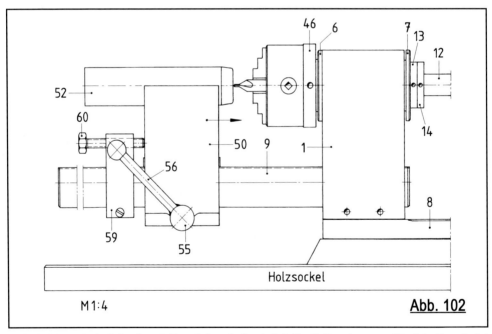

1: Spindelstock, 6: Stützring, 7: Druckring, 8: Sockelplatte, 9: Rundwange, 12: Arbeitsspindel (ohne Riemenscheibe), 13: Einstell-Mutter, 14: Kontermutter, 46: Futterflansch, 50: Reitstock-Grundkörper, 52: Pinolenlager (an 50 geschweißt), 55: Knebelschraube, 56: Knebelgriff, 59: Schraubbock, 60: Schiebeschraube

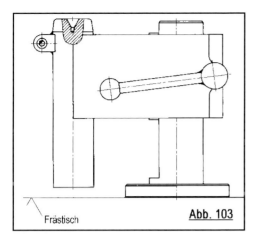
Abb. 103

Die Bohrung soll jedoch nicht nur an der richtigen Stelle in die Stirnfläche eintreten, sie soll auch exakt parallel zur Achse der Wange stehen. Beim Bau meiner Kleindrehmaschine, zu tiefsten DDR-Zeiten, habe ich deshalb über ein weiteres Hilfsteil einen Trick angewendet: Ein kurzes Drehteil mit dem exakten Querschnitt der Wange wird angefertigt. An einem Ende hat das Teil einen großen Flansch. Sowohl der Durchmesser des Wangenstummels als auch die Planfläche des Flanschs (Mittenfreistich) werden zwischen den Spitzen gedreht. Dieses Flanschteil wird auf dem Tisch der Fräsmaschine, mit dem Wangenstück nach oben stehend, aufgeknackt und der Reitstock daran geklemmt (**Abb. 103**).

4.4.2. Handhebel

Der Reitstock muss nun noch mit dem Handhebel vervollständigt werden (**Foto 33**). **Abb. 104** zeigt in Verkleinerung, wie das bei etwa zur Hälfte ausgefahrener Pinole aussieht. Es sind sechs Teile anzufertigen: der Festpunkt (1), ein Verbindungsblech (2), der Hebel (3), zwei Zapfenschrauben (4) und die Hebelverlängerung (5). Zusätzlich werden noch zwei 2-mm-Zylinderstifte als Gelenke benötigt. Festpunkt, Verbindungsblech, die Zapfenschrauben und die Hebelverlängerung sind in **Abb. 105** bemaßt; **Abb. 106** zeigt den eigentlichen Hebel.

Alle diese Teile kann man aus Messing oder aus Automatenstahl herstellen. Zum Festpunkt ist zu sagen, dass dieser zuerst ungeschlitzt „bis zum Anschlag" in die Bohrung des Reitstocks geschraubt wird. So markiert man sich die senkrechte Richtung für den Schlitz. Nach dem Ausschrauben werden der Schlitz und die 2H7-Querbohrung eingearbeitet. Auf das M6-Gewinde werden für ein sicheres Spannen im Schraubstock zwei geschlitzte und gegeneinander gekonterte Muttern geschraubt. Dabei dreht man die Schlüsselflächen so hin, dass sie an beiden Muttern fluchten. Die beiden Bohrungen im Verbindungsblech werden Ø 2,1 gebohrt, das Maß fehlt leider in der Zeichnung. Auf die beiden Zapfenschrauben schneiden wir das Feingewinde von den Supportspindeln. Dadurch ergeben sich mehr Gewindegänge, als würde man normales M5-Gewinde schneiden. Die Gewindefreistiche an den Schraubenköpfen dürfen nicht weggelassen werden, damit diese gut an den Senkflächen des Hebelteils anliegen. Die Zapfen (Ø 3,4) werden am besten spielfrei in die Bohrungen der Pinole eingepasst.

Bei **Abb. 106** habe ich rechts zum Verständnis einen Schnitt durch die Reitstock-Pinole gelegt. Das Teil fertigt man am besten mit Hilfe eines Waagerecht-Teilgerätes. Ich gebe die Arbeitsgänge an, wie ich dieses Teil hergestellt habe:

1. Ein 11 cm langes 26-mm-Materialstück wird im Backenfutter 6 cm ausragend gespannt, plangedreht und zentriert,
2. ein Zapfen Ø 9×7,5 mm wird angedreht,
3. überdrehen auf Ø 25 bis knapp an die Futterbacken,
4. andrehen der ersten Kugelrundung 25,
5. einstechen nach einer Länge von 45 mm auf den Ø 8,
6. andrehen der zweiten Kugelrundung 25,
7. spannen im Waagerecht-Teilgerät mit Spitzen-Unterstützung,
8. anfräsen der beiden seitlichen Abflachungen auf das „Schlüsselmaß" 12,

Foto 33: Der fertige Reitstock mit einem kleinen Schnellspann-Bohrfutter. Die Suchfasen an den hinteren Wangenenden sind zu erkennen

9. vorbohren des Langlochs mit zwei 10-mm-Bohrungen 14 mm entfernt,
10. aufbohren beider Bohrungen mit dem Bohrkopf auf 16 mm Durchmesser, **(Foto 34**, die Reitstock-Pinole muss relativ lose passen), danach Versetzen des Bohrkopfs in 0,4-mm-Schritten, so dass ein Langloch entsteht (vgl. **Foto 35**),
11. die Endpunkte für dieses Einfräsen merkt man sich (Skalenwerte), exakt auf der Hälfte dieses Verfahrwegs wird die Teilspindel um 90° verdreht,
12. mittiges Zentrieren für die beiden Zapfen-Bohrungen,
13. Kernlochbohren Ø 4,3 für beide Zapfen,
14. einstechen der 0,5 mm tiefen 8-mm-Senkungen mit einem Fingerfräser für die Schraubenköpfe,
15. leichtes Ansenken der Kernloch-Bohrung mit einem 90°-Senker,
16. einschneiden der Feingewinde M5×0,5,
17. spannen im Drehmaschinen-Backenfutter 7,5 cm ausragend,
18. Ø 6 bohren für die Hebelverlängerung,
19. einstechen des unteren Zapfens Ø 8×26 lang,
20. abstechen bei gleichzeitigem Andrehen der Rundung auf 22 mm Zapfenlänge.

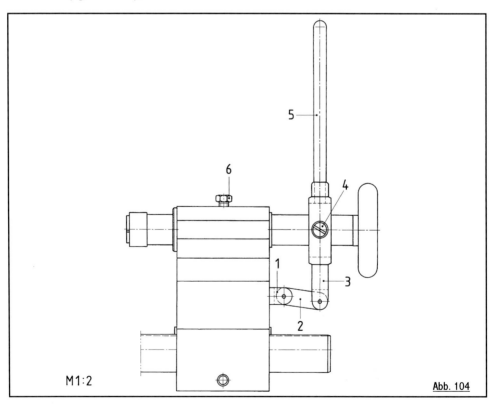

Abb. 104

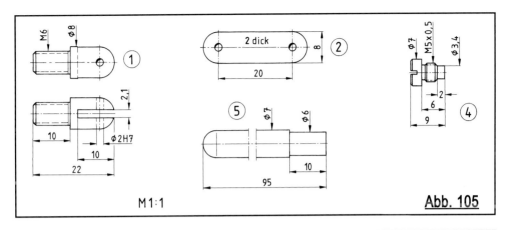

Abb. 105

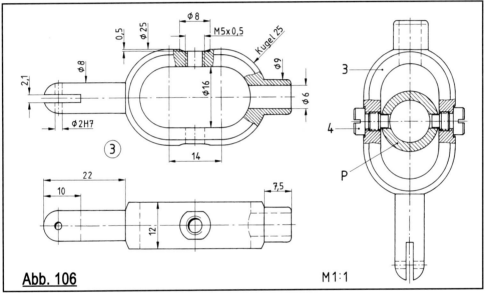

Abb. 106

Beide Kugelrundungen habe ich mit 30°- bzw. 60°-Fasen vorgedreht ((2) **Abb. 119**). Den Arbeitsgang 10. wird man selbstverständlich mit einem 16-mm-Finger- oder Schaftfräser fräsen, sofern er in der Fräsmaschine spannbar ist.

Man kann den Zapfen 22 mm lang auch ohne Rundung abstechen. Danach würde man das Teil in eine ausgedrehte Klemmbuchse (Innen-Ø 25) spannen und die Rundung so andrehen. Mit den beiden Schlüsselflächen kann das Werkstück für das Einsägen des 2,1 mm breiten Schlitzes und für die 2H7-Bohrung gut im Maschinen-Schraubstock gespannt werden. Die Hebelverlängerung wird weich eingelötet. Wenn man auf dem Drehstuhl einmal eine Dreharbeit „zwischen den Spitzen" ausführen will, muss die Pinole im Reitstock-Grundkörper klemmbar sein. Dazu bohrt man ungefähr auf halber Länge oben durch Grundkörper, Harzverguss und Gleitbuchse ein M4- oder M5-Gewinde, in welches eine Alu(!)- oder Kupfer-Schraube (6 in **Abb. 104**) als Knebel geschraubt wird. Dieses weiche Material beschädigt die Pinole beim Klemmen nicht. Später habe ich am vorderen

Foto 34: Mit einem Bohrkopf habe ich die Endbohrungen für den Langloch-Durchbruch im Reitstock-Handhebel „eingespindelt". Die seitlichen Querbohrungen für die Zapfenschrauben sind schon zentriert

Foto 35: Die Endbohrungen werden zu einem Langloch verwandelt

Ende der Pinole an der Außenwandung als besonderes „Extra" etwa 30° schräg stehend eine 30 mm lange und 4,5 mm breite Fläche angefräst und darauf eine Millimeter-Skala aufgestoßen. Das ist eine hilfreiche Einrichtung zur Bohrtiefenkontrolle. Außerdem hatte sich bei der ersten Benutzung der Maschine schnell herausgestellt, dass die Klemmknebel vom Kreuzsupport und Reitstock zu kurz sind. Kurzerhand habe ich sie mit zwei aufgesteckten/-geklebten, leicht konischen Griffverlängerungen (jetzt etwa 72 mm lang) versehen. Die eigentliche Maschine ist damit fertig gebaut.

4.4.3. Diverse Dorne

Eine Drehmaschine wird erst richtig komplett und die Arbeit macht Freude, wenn man alles Zubehör dazu hat (**Foto 36**). In diesem Abschnitt wollen wir uns mit den Spindeldornen befassen.

Es ist ein Vorteil, dass man sie in der Arbeitsspindel wie auch in der Reitstock-Pinole aufnehmen kann. Für das „Drehen zwischen den Spitzen", das doch hin und wieder auch auf unserem Drehstuhl bei schlanken Werkstücken geschieht, braucht man Spitzeneinsätze für die Arbeitsspindel und für den Reitstock. Hochgenaue Werkstücke entstehen nur beim Drehen „zwischen zwei festen Spitzen" (vgl. unsere Arbeit bei **Abb. 18**). Man sagt das so, obwohl sich hier die Spitze im Spindelstock dreht. (Bei Rundschleifmaschinen dreht sich die spindelstockseitige Spitze meines Wissens auch nicht.) Wir fertigen also für den Zweck zwei feste Spitzen nach **Abb. 107**.

Eine Spitze erhält eine Mitnehmerscheibe mit einem Mitnehmerdorn (oben). An letzteren soll ein Drehherz oder Ähnliches ansetzen (vgl. wieder **Abb. 18**), um das Werkstück in Drehungen zu versetzen. Sowohl die Mitnehmerscheibe als auch den kleinen 3-mm-Dorn dreht man aus Messing lötet sie weich zusammen und presst sie mit einer Presspassung auf den angedrehten Absatz der Zentrierspitze. Es zeugt von kluger Weitsicht, wenn man die Zangenkontur dieser Dorne und ähnlichen Zubehörs quasi „in einem Aufwasch" mit den Spannzangen-Rohlingen anfertigt. Dabei hätte man die Einrichtarbeiten für viele gleiche Arbeitsgänge nur einmal! Die festen Spitzen fertigt man aus Silberstahl. Dieses Material ist selbst ungehärtet wesentlich widerstandsfähiger als z. B. Automatenstahl. Die Kontur des Zangenschafts habe ich nicht bemaßt, siehe dazu die **Abb. 29**. Es versteht sich von selbst, dass die 60°-Kegel erst auf unserer eigenen Arbeitsspindel fertig angedreht werden. Wer seinen Spitzen etwas Gutes antun will, härtet sie. Dazu ist es nicht nötig, dass der gesamte Dorn auf Rotglut gebracht wird.

Foto 36: Hinten von links nach rechts: Dreibacken-emco-Futter, Planscheibe, Vierbacken-Koch-Futter; davor: Ringfutter, Stufen-Spannzange, Bohrplatte, Mitnehmer-Spitze, Bohrfutterdorn (**Abb. 113**), Mitlauf-Spitze (**Abb. 111**), Schnellspann-Bohrfutter (**Foto 33**), links vorne: Bohrfutter-Dorn (**Abb. 112**)

Es reicht, wenn das vordere Kegelstück vor dem Abschrecken rot glüht. Mit Sicherheit geht nach dem Abschrecken der Rundlauf verloren. Deswegen muss der 60°-Kegel mit einer kleinen (Selbstbau-)Schleifvorrichtung auf dem Obersupport und ebenfalls auf der eigenen Maschine nachgeschliffen werden. Im einfachsten Fall macht man sich eine Schleifeinrichtung in Form eines Klemmhalters für einen kleinen Bohrschleifer selbst (beschrieben in (1) Seite 43, siehe Literaturhinweise). Weil in der Regel eine viel kleinere Spitze genügt, kann man in beiden Fällen eine abgesetzte drehen (**Abb. 107** unten). Das hätte den Vorteil, dass das Spitzenstück für das Härten schneller auf Rotglut kommt. Eine weitere Idee ist, dass man einen vorgedrehten und gehärteten Silberstahl-Einsatz in ein Schaftteil einklebt/-gießt – vergleichbar dem Vorgehen bei **Abb. 22** – und diesen Einsatz erst danach in der Arbeitsspindel fertig schleift.

Wünschenswert wäre eine kleine mitlaufende Spitze für den Reitstock. In **Abb. 108**

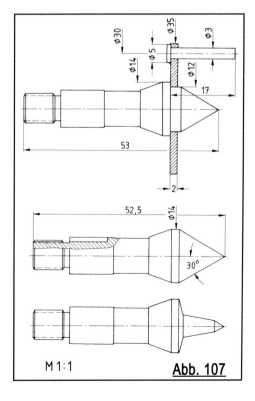

Abb. 107

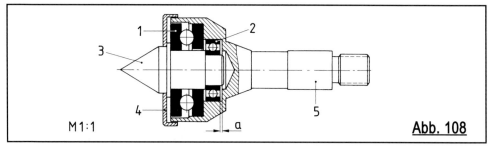

Abb. 108

1: Axial-Rillenkugellager Typ 51100, 2: Rillenkugellager Typ 618/8, 3: Spitzeneinsatz, 4: Schutzkappe, 5: Schaft

sehen wir eine solche Spitze als Zusammenstellungs-Zeichnung für das kleinste, handelsübliche Axial-Rillenkugellager vom Typ 51100 (1), welches die wichtigste Axialkraft aufnimmt. Dieses hat einen Außendurchmesser von 24 mm bei Innendurchmessern der Ringe von 10 bzw. 11 mm. Gibt man dem „Spitzenbecher" (5) eine Minimal-Wandstärke von 1,5 mm, kommt man auf einen Durchmesser von 27 mm für diese mitlaufende Spitze, gerade noch erträglich für unsere kleine Maschine. „Innen" wird der Spitzeneinsatz (3) von einem normalen Rillenkugellager Typ 618/8 (2) in Richtung gehalten. Ein Rillenkugellager ist nicht für die Aufnahme von erheblichen axialen Kräften konstruiert. Ein Spalt (a) bei der Ausdrehung für den Außenring dieses Lagers sorgt dafür, dass die Axialkraft mit Sicherheit auf dem Axiallager steht. Durch die straffe Einpassung des Rillenkugellagers fällt der Spitzeneinsatz mit der aufgepressten Schutzkappe (4) nicht nach vorn heraus. In **Abb. 109** gibt es die Maßzeichnungen für die wenigen Teile. Auch hier kommt es wieder darauf an, die Arbeitsschritte in der richtigen Reihung auszuführen, damit die mitlaufende Spitze exakt wird. Zuerst wird der Grundkörper mit „Becher" und Schaft gedreht:

1. Ein 60 mm langes 30-mm-Automatenstahl-Stück wird 42 mm ausragend im Backenfutter gespannt,
2. Die Zangenkontur für den Schaft nach den Maßen der **Abb. 29** wird 38 mm lang angedreht,
3. Absatz Ø 14×0,5 andrehen (dabei prüft man z. B. mit der Reitstock-Pinole, ob ein Spalt zwischen Pinolen-Planfläche und Grundkörper besteht),
4. Überdrehen Ø 27 bis knapp an die Futterbacken,

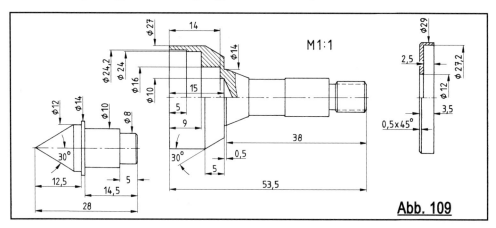

Abb. 109

5. Andrehen 30°-Kegel 5 mm lang,
6. gegebenenfalls einfräsen der Längsnut im Schaft,
7. Spannen des Rohlings in der Arbeitsspindel,
8. Plandrehen auf Fertiglänge 53,5 mm,
9. Zentrierbohren,
10. Vorbohren und aufbohren bis Ø 10×15 tief,
11. Ausdrehen Ø 23×8,5 tief,
12. Ausdrehen des Kugellagersitzes Ø 16×14 tief, das Lager soll stramm sitzen (Zimmertemperatur des Werkstücks!),
13. Ausdrehen des Kugellagersitzes Ø 24×9 tief,
14. Ausdrehen Ø 24,2×5 tief
15. Entgraten aller Kanten.

Wir drehen den Spitzeneinsatz aus 15-mm-Silberstahl, 29 mm lang:
1. Zapfen Ø 8×5 lang als Kugellagersitz drehen,
2. Absatz Ø 10×14,5 lang (Länge von der Planfläche) als Kugellagersitz drehen,
3. Überdrehen Ø14,
4. Anstechen von Fasen an beide Lagersitzkanten,
5. Umspannen auf den Ø 10 in eine Spannzange (oder ausgedrehte Klemmbuchse),
6. Plandrehen auf Länge 28 mm,
7. Andrehen Absatz Ø 12×12,5 lang,
8. Andrehen der 60°-Spitze,
9. Entgraten aller Kanten.

Der Spitzeneinsatz kann gehärtet (und angelassen) werden. Für das Nachschleifen danach lässt man wenigstens 0,2 mm Aufmaß auf der Kegelfläche. Nun wird die Schutzkappe aus Alu gedreht. Die Durchmesser 12, 27,2 und 29 werden in einer Einspannung zuerst gedreht, danach das Teil auf 3 mm Länge abgestochen. Der Ø 12 wird stramm auf den Absatz des Spitzeneinsatzes aufgepasst. Die Kappe wird mit dem Außenrand in einer ausgedrehten Klemmbuchse (mit 2 mm tiefem Innenabsatz) gespannt und die vordere Planfläche auf 2,5 mm Höhe plangedreht (45°-Fase).

Die Montage erfolgt nach dem Fetten der Lagerkäfige so:
1. Die Schutzkappe wird auf den Spitzeneinsatz gedrückt. (Ich mache diese Arbeiten gern mit Hilfe der Pinole einer größeren Drehmaschine. Die eingestellten Futterbacken dienen dabei als Gegenlager. Hier werden sie auf einen Durchmesser knapp über 12 mm eingestellt)
2. Der erste Lagerring des Axiallagers (Innendurchmesser 10!) wird auf den Spitzeneinsatz gedrückt.
3. Der Kugelkäfig des Axiallagers und der Lagerring mit dem Innen-Ø 11 werden aufgesteckt.
4. Das kleine Rillenkugellager wird aufgedrückt.
5. Nun kann der Grundkörper aufgesteckt und ebenfalls bis zum Grund angedrückt werden. (Die mitlaufende Spitze ist danach nicht mehr demontierbar!)

Schließlich zeigt **Abb. 110** noch eine kleinere mitlaufende Spitze. Hier werden zwei Rillenkugellager eingebaut, vorn der Typ 618/6 und innen der Typ 618/4. Die Bezeichnungen /6 und /4 stehen dabei für die Innendurchmesser von 6 bzw. 4 mm. Das kleinere Lager konnte in die Zangenkontur geschoben werden. Auch hier gibt es hinter dem kleinen Lager noch einen Freiraum beim Lagersitz, damit die Axialkraft nur auf einem, dem größeren Lager ruht. Die Schutzkappe, welche bei der Ausdrehung im Bereich des Außenrings vom großen Lager einen Freistich erhalten muss, wird vom andrückenden Spitzeneinsatz gegen den Innenring gedrückt. Das Gehäuse ist hier wesentlich kleiner, die beaufschlagte Axialkraft darf jedoch nicht sehr groß sein. Für relativ leichte Dreharbeiten ist diese Spitze durchaus zu verwenden.

Für meine Maschine habe ich eine mitlaufende Spitze aus einem Zubehörteil für emco-Drehmaschinen selbst gebaut. Auf dem

Messestand von RC-Machines (Händlerverzeichnis) habe ich das Teil mit der Best.-Nr. RC218ZS erworben. Diese mitlaufende Zentrierspitze hat Gehäuse-Länge/Durchmesser von 18/23 mm und einen rundgeschliffenen, 17 mm langen 10,37-mm-Spannzapfen. Die kleine Zentrierspitze hat einen Durchmesser von 8 mm und ist etwa 12,5 mm lang. Ideal für unsere Maschine! In einer ausgedrehten Klemmbuchse habe ich das Teil mit dem 10,37-mm-Spannzapfen gespannt und das Gehäuse in dieser Spannung zuerst auf einen Außendurchmesser von 22,8 mm überdreht. Danach konnte ich den ungehärteten Spannzapfen bis auf einen etwa 1,5 mm langen Reststummel absägen. Für dieses Teil habe ich dann nach **Abb. 111** einen Spanndorn mit Zangenkontur und angedrehtem „Becher" gedreht. In den Becher wurde das geänderte Kaufteil eingepresst und so hatte ich eine schöne kleine Spitze in angemessener Größe **(Foto 37)**.

Als weiteres wichtiges Zubehörteil benötigt man fast täglich einen Bohrfutter-Dorn mit einem handelsüblichen Bohrfutter. Grundsätzlich kann man die Wendelbohrer auch mittels Spannzangen in der Reitstock-Pinole spannen. Um die Spannzangen weitgehend zu schonen, wollen wir aber stets nur die Bohrer-Schäfte spannen, die dem Nenndurchmesser der Spannzangen entsprechen. Einen 3,3-mm-Bohrerschaft soll man möglichst nicht in einer 3,2- oder in einer 3,4-mm-Zange spannen! Außerdem soll man es dringend vermeiden, Bohrerschäfte in einer ungehärteten Spannzange zu spannen, die folgende Fehler haben:
- der Schaft ist verbogen (nicht zu selten),
- der Schaft hat eingeschlagene Markierungen (mit Aufwurf) wie Firmenzeichen, Größenangaben usw.,
- der Schaft hat Schäden vom Durchdrehen in einem Bohrfutter (Riefen, Aufwürfe)

Konsequenz, ein Bohrfutter muss her. Gute Erfahrungen habe ich in der Vergangenheit schon mit den preisgünstigen Futtern gemacht, die als Zubehörteile für die kleinen Bohrschleifer im Handel sind. Andere Bohrfutter sind meist schon zu groß. In **Abb. 112** die Maßzeichnung für einen Bohrfutterdorn zur Aufnahme eines derartigen Bohrfutters. Wir drehen ihn aus Automatenstahl. Auch dieser Dorn muss eine 2-mm-Längsnut auf

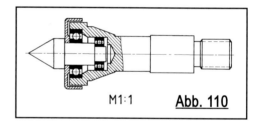

M1:1 **Abb. 110**

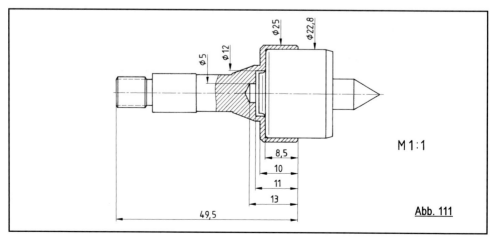

M1:1 **Abb. 111**

Foto 37: Bei dieser Reitstock-Ansicht erkennt man die Millimeter-Skala auf der Pinole. In der Pinole ist die Mitlauf-Spitze aufgenommen

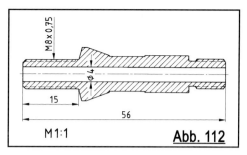

Abb. 112

den Schaft bekommen, weil das M8×0,75-Gewindestück und die vordere Planfläche in der eigenen Arbeitsspindel angedreht werden müssen. Der Schaft wird ganz mit 4 mm durchbohrt, damit man später auch z. B. einmal eine dünne Welle durchstecken kann. Der Rundlauf der Bohrfutter ist meist recht gut. Deshalb kann man diesen Bohrfutter-Dorn auch gut als Spannmittel für feinste Zapfen in der Arbeitsspindel verwenden. Als ich die Spannzangen Ø 0,4 – 0,6 und 0,8 noch nicht hatte, habe ich kleine Zapfen im Bohrfutter gespannt. Manchmal werden die drei kleinen Futterbacken vom Außengehäuse des Futters beim Spannen ungleich nach hinten geschoben, was einen geringen Rundlauffehler bewirkt. Man öffnet das Futter noch einmal und beim nächsten Spannen ist der Rundlauf oft schon besser.

Ebenfalls von RC-Machines habe ich ein kleines Bohrfutter mit der Best.-Nr. RCHBAD gekauft. Das Futter hat allerdings ein Aufnahme-Innengewinde von 3/8"×24 Gang/Zoll, ist ohne ausgefahrene Spannbacken 42 mm lang bei einem Gehäuse-Durchmesser von 24 mm. Es spannt Bohrer bis knapp 7 mm. Um dafür einen Spanndorn nach **Abb. 113** herzustellen, musste ich noch ein derartiges Schneideisen erwerben. Der Rundlauf dieses Futters ist nicht allzu gut. Und schließlich habe ich für ein noch aus DDR-Zeiten vorhandenes Präzisions-Schnellspannbohrfutter (0 – 4 mm, Gehäuse-Ø 26×45) einen Dorn mit B10-Aufnahme gedreht. Dieses Futter hat selbstredend den besten Rundlauf.

Unsere Uhrmacherdrehmaschine kann man gut – ich habe es viele Jahre getan – als „liegende" Ständerbohrmaschine benutzen. Dazu dreht man sich als „Bohrtisch" eine sogenannte Bohrplatte von etwa 30 mm Durchmesser bei 3 bis 4 mm Dicke. Zur Aufnahme in die 5-mm-Spannzange wird ein Zapfen Ø 5×15 mm angedreht. Meine eigene Bohrplatte hat einen Zangenschaft zur Aufnahme

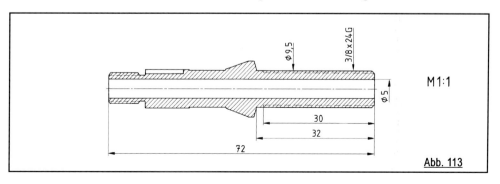

Abb. 113

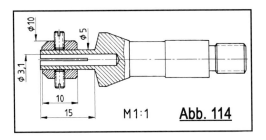

Abb. 114

und in der Mitte eine gering tiefe 3-mm-Bohrung. Somit können die kleineren Bohrer „durchfahren". Größere Bohrungen soll man schon aus Sicherheitsgründen nicht auf diese Weise bohren. In dem Zusammenhang erinnere ich an das so genannte Neutral-Schleifen von Bohrerschneiden, damit die Bohrer beim Durchbohren der unteren Fläche oder auch beim Aufbohren nicht „reißen". Wie man das mit einer kleinen Trennscheibe richtig macht, habe ich in (1) Seite 61/62 erklärt (siehe Literaturhinweise).

Als letzten Dorn möchte ich den von mir so genannten Zentrierdorn aufführen. Auch er hat den üblichen Zangenschaft. Vorn hat er eine geschlitzte Klemmaufnahme für einen kleinen Zentrierbohrer. **Abb. 114** zeigt seine Maßzeichnung. Der Dorn hat sich vielfach bewährt. Bei der Dreharbeit gibt es viel zu zentrieren. Wenn man sich diesen Dorn herstellt, muss man nicht ständig die Bohrer im Bohrfutter wechseln, sondern man löst das Anzugsrohr und wechselt nur die Dorne. Die Bohrung Ø 3,1 entspricht dem Schaft des Zentrierbohrers. Das vordere Stück wird mit einem Laubsägeschnitt geschlitzt. Darauf kommt eine Klemmbuchse mit zwei M3-Madenschrauben, welche den Bohrer klemmen. Unnötig zu sagen, dass die wesentliche 3,1-mm-Bohrung bei Aufnahme in der Arbeitsspindel gebohrt wird. Folglich muss auch dieser Dorn eine Längsnut haben.

4.5. Fertigstellung der Spannzangen

Im Abschnitt 4.1.3. war unser Satz Spannzangen schaftseitig soweit fertig, dass die Zangen in der Arbeitsspindel aufgenommen und mit dem Anzugsrohr festgezogen werden können. Die Zangen werden jetzt als erstes auf eine gemeinsame Länge 51,5 mm sauber plangedreht. Plane Stirnseiten von Spannzangen sind für die praktische Arbeit wesentlich besser, als die gerundeten Flächen bei den alten Uhrmacher-Drehmaschinen. Bestimmte Längenmaße an den Werkstücken kann man bei einer geraden Zangenstirn direkt in der Zangenaufnahme mit dem Tiefenmaß des Messschiebers messen, bei gerundeten Spannzangen geht das nicht. Als nächstes werden alle Zangen zentriergebohrt. Die kleinsten Nenn-Durchmesser weniger tief und mit kleinerem Durchmesser die größeren entsprechend größer. Die Zentrierung darf den Nenn-Durchmesser der jeweiligen Zange nicht überschreiten! Schon hier ist es wichtig, dass man auf die unterschiedlichen Tiefen der 5,2-mm-Freibohrung in den Zangenschäften achtet (Maß a in **Abb. 29**). Ich habe den gesamten Satz in der richtigen Reihung auf ein Blatt Papier, mit den Durchmesserangaben beschriftet, auf den Tisch gestellt. Die Zentrierbohrungen müssen 100%ig rund laufen. Eine der wichtigsten Voraussetzungen dafür ist, dass die Planfläche selbst vollkommen eben ist. Wenn sie z. B. noch einen geringen „Abstechpips" oder eine andere, kaum sichtbare Erhöhung im Zentrum hat, weil vielleicht der Plandrehstahl nicht richtig auf Höhe eingestellt war, so wird der Zentrierbohrer eben nicht zentrisch einbohren! Ich habe mir angewöhnt, bei Bohrungen, die extrem gut „laufen" sollen, den Zentrierbohrer die ersten Zehntel-Millimeter nur sehr langsam in das Material zu drücken. Bei den kleinsten Nenn-Durchmessern (Ø 0,4 – 0,8 und 1,00) habe ich mit abgesetzten, und zudem sehr kurz ausragenden Wendelbohrern „zentriert". Diese Bohrer haben einen dickeren Schaft von 1,2 mm Durchmesser und das Schneidenteil ist sehr kurz. So können sie sich kaum verbiegen und finden an einer (wirklich ebenen) Planfläche bei geringstem, vorsichtigem Vorschub sehr genau „ihre Mitte".

Nach dem Zentrierbohren wird vorgebohrt. Der erste Vorbohrer sollte nach Möglichkeit ein fabrikneuer Bohrer sein. Ein solcher Bohrer hat einen exakten Maschinen-Anschliff für beide Schneiden. Deshalb bohrt er nicht größer und der Bohrer wird zumindest aus diesem Grunde nicht schräg einbohren. Der Schräg-Anschliff der Bohrerschneiden verbunden mit der Tatsache, dass sich das Werkstück dreht und nicht der Bohrer, hat eine selbstzentrierende Wirkung. An der Stelle noch einmal der Hinweis, dass man am Austritt der Späne aus den Spannuten des Bohrers zweifelsfrei dessen richtigen Anschliff erkennt. Treten aus beiden Spannuten die gleichen Mengen, gleich geformter Späne aus, kann man davon ausgehen, dass der Bohrer richtig geschliffen ist.

Bei der kleinsten 1-mm-Zange würde ich 0,8 mm vorsichtig und mit relativ wenig Druck vorbohren (unbedingt gut ölen) und danach sofort auf 1 mm aufbohren. Wenn die Vorbohrung stimmt, also nicht „verlaufen" ist, so wird der „Aufbohrer" ebenfalls nicht mehr seitlich ausbrechen. Mit Ausdrehen ist bis etwa zum Ø 2,6 nichts zu machen. Hier muss man sich voll und ganz auf die Qualität der ersten Vorbohrung verlassen. Reden wir nun vom Nenn-Durchmesser 2,6. Hier habe ich mit einem 2-mm-Bohrer etwa 5 mm tief vorgebohrt, danach mit einem Mini-Bohrstahl diese Bohrung auf etwa Ø 2,2 ausgedreht. Danach wurde mit einem 2,4-mm-Bohrer ganz durchgebohrt und zum Schluss auf Ø 2,6 fertiggebohrt. Ähnlich würde man alle anderen, größeren Nenn-Durchmesser bohren, insofern es keine Reibahlen gibt. Zur Sicherheit misst man den Bohrer für den Nenn-Durchmesser, damit dieser stimmt. Es versteht sich von selbst, dass die Nenndurchmesser, von denen Maschinen-Reibahlen vorhanden sind, fertig gerieben werden. Doch auch hier wird immer ein möglichst „tiefgehender" Ausdreh-Arbeitsgang quasi zwischengeschoben. Zur Ermittlung des günstigsten ersten Vorbohrers habe ich an einem anderen Silberstahl-Stück vor der gesamten Zangen-Bohrerei in der Spannzange Bohrversuche gemacht und dabei ermittelt, welcher Bohrer an der hinteren Planseite nicht verlaufen ist. Das Ausbohren der Spannzangen sollte sehr sorgfältig geschehen und man muss sich hierzu Zeit lassen. Nichts ist schlimmer, als wenn man sich später über die Jahre über unrund laufende Spannzangen ärgern muss. Und nichts ist andererseits schöner, als sich auf gut laufende Zangen verlassen zu können.

Die Zange 5,00 ist noch für durchgehendes „Stangen-Material" geeignet, ihre hintere Bohrung ist ja 5,2 mm gebohrt. Ab Nenn-Durchmesser 5,5 haben die Zangen einen Innen-Absatz. Es ist nicht sinnvoll, diese zu bohren oder zu reiben. Man will innen eine scharfkantige Ausdrehung haben und die macht ja weder ein Wendelbohrer mit seinem Schräg-Anschliff noch eine Maschinenreibahle, denn diese hat ja auch einen schrägen „Anschnitt". Die größeren Zangen habe ich mit einem kleinen Eckbohrstahl einheitlich auf 10 mm Tiefe ausgedreht. Vor diesem Ausdrehen muss der Obersupport, wie gehabt, an einem Probestück auf exaktes zylindrisches Drehen eingerichtet werden. Ist der Bohrstahl richtig scharf, kann man mit der Maschine Durchmessermaße auf 1/100 mm genau drehen (das trifft für alle Dreharbeiten zu). Als Kaliber für die Nenn-Durchmesser 5,5 – 6 – 6,5 – 7 – 7,5 und 8 kann man Abschnitte von Silberstahl, Zylinderstifte oder auch die Spannschäfte von Bohrwerkzeugen benutzen. Nach **Abb. 115** habe ich noch eine verlängerte 10-mm-Zange als Sonder-Spannzange hergestellt. Der Nenndurchmesser ist hier nur 9 mm tief eingedreht.

Nach **Abb. 116** drehen wir eine Aufnahme. Diese Buchse wird mit dem Ø 20 in einem Schraubstock gespannt und nacheinander die Spannzangen eingesteckt. So kann man mit Schlagzahlen die Größen in die Stirnflächen einschlagen: Wie in **Abb. 29** gezeigt, jeweils in Richtung der Längsnut und immer gleich herum! Somit hat man später beim Gebrauch eine zusätzliche Hilfe für das Einstecken der Zangen in die Arbeitsspindel. Es ist üblich, bei den Größenbezeichnungen die Zehntel-Millimeter anzugeben. „20" steht also für den Nenn-Durchmesser 2,0; 44 für den Durchmesser 4,4 usw. Die Schlagzahlen werfen Grat auf. Diesen habe ich anschließend stets fein überdreht. Bei den größeren Nenn-Durchmessern ist der Rand für 2-mm-Schlagzahlen fast zu schmal. Durch den kräftigen Schlag wurde Material in die Bohrung hineingedrückt, diese so unrund verformt. Ich musste sie anschließend noch einmal sehr vorsichtig ausdrehen. Klugerweise macht man die Größen-Markierung zuerst und dreht danach erst die Nennbohrung endgültig aus, das wusste ich hinterher. Eine weitere, nicht ganz billige, jedoch schönere Art der Markierung ist das Einfräsen der Zahlen auf einer Gravier-Fräsmaschine. Ich muss allerdings sagen, dass meine schlagzahl-markierten und überdrehten Zangen fast ebenso schön wie graviergefräste aussehen.

Nach dem Markieren müssen die Zangen nun geschlitzt werden. Das macht man am besten auf einem Waagerecht-Teilgerät mit Spannzangen-Einrichtung. Dazu wird der Spanndorn von **Abb. 30** benutzt. Die erste Zange wird eingeschraubt und mit einer Wasserpumpen-Zange angezogen (Messing-Blech-Ring zwischenlegen). Dabei fasst man auf den Frei-Ø 9,8, um keinesfalls die Zentrierfläche des Ø 10 zu beschädigen. Im Teilgerät wird der Dorn so gedreht eingespannt, dass der erste der drei Schlitze der Zahlen-

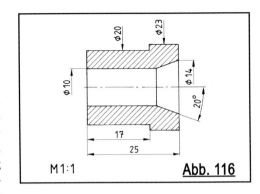

Abb. 116

markierung gegenüberliegt. Für die Zangen Ø 5 bis Ø 10,0 habe ich drei 0,6 mm breite Schlitze ganz durchgesägt. In meiner Schnitt-Zeichnung habe ich eine nur beispielhafte 40-mm-Metallkreissäge eingezeichnet. Mit (b) ist die Drehrichtung der Säge bezeichnet. Daraus geht hervor, dass die Hauptdruckkraft der Sägenzähne in axialer Richtung liegt. Man muss also nicht befürchten, dass die Zange an ihrer schwächsten Stelle, beim Freistich Ø 6,6, abbricht. Selbstverständlich kann man die Schlitze nicht in einem Sägedurchgang einsägen. Man geht in 0,5- oder maximal 1-mm-Schritten tiefer, solange, bis der äußere Sägen-Durchmesser etwa die Mitte der Zange erreicht hat. Die Schlitzlänge soll etwa bis zur Hälfte des Zentrier-Ø 10 reichen. Macht man die Schlitze zu kurz, „federt" die Zange nicht genügend.

Das Sägen von Silberstahl dauert! Man muss bei sehr geringen Drehzahlen stets gut schmieren, damit sich die Zahnzwischenräume der Säge nicht mit Spänen zusetzen. Die Riemenspannung meiner Fräsmaschine habe ich bewusst gering eingestellt, damit bei „hakender" Säge besser der Riemen rutscht! Nach wenigen Zangen habe ich mich dazu entschlossen, die Schlitze durch 13 mm lange (Gesamtlänge!), Langlöcher mit einem 3-mm-Fingerfräser vorzuschlitzen. Ich habe sogar in die „Wendepunkte" für diese Langlöcher 2-mm-Bohrungen vorgebohrt, damit der Fingerfräser besser „tauchen" kann – alles nach Skalenwerten, quasi „Koordinaten-Bohren auf

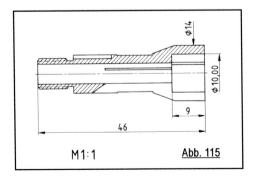

Abb. 115

dem Umfang". Nach dieser Vorbereitung war später das Schlitzen mit den Sägen weniger „nervig".

Bei den Zangen Ø 0,4 bis 4,8 habe ich die Zangen 0,6 mm breit nur vorgeschlitzt, jeweils bis etwa 0,5 mm an die Nenn-Durchmesser-Bohrung heran. Die Zangen 0,4 und 0,6 erhielten nur zwei Schlitze. Der Rest der Schlitze wurde anschließend bei den Zangen 1,6 bis 4,8 mit einer 0,3 mm breiten Säge durchgesägt. Durch verschieden kräftiges Aufschrauben der Zangen auf den Spanndorn kam es schon vor, dass die waagerechte Lage der Vorschlitzung nicht immer erreicht wurde. In den Fällen habe ich die Teilspindel geringfügig verdreht. Mit einer Kopflupe sieht man das sehr genau. Auch die Höhenlage der Säge musste oftmals nachgestellt werden, besonders bei den Zangen mit sehr kleinem Nenn-Durchmesser.

Wie in der **Abb. 29** ganz links gezeigt, kann man auch mit einem 2,5-mm-Fingerfräser (oder Ø 2) etwa bis zur Mitte des Frei-Ø 9,8 vorschlitzen. Anschließend kann man die Reststücke mit einer 0,4-mm-Säge schlitzen. Wer eine schmalere Säge hat, benutzt diese. Das wäre besser, weil die verbleibenden inneren Klemmflächen so breiter entstehen. Beim Ø 0,4 (kleiner geht es kaum und ist in der Praxis auch kaum nötig) soll man mit einer 0,1- oder 0,15-Säge durchschlitzen. Nach dem Schlitzen muss die Zange wieder vom Dorn gelöst werden. Dabei muss man wieder mit der Wasserpumpen-Zange zufassen. Damit man die nun drei Backen nicht schlimm verbiegt, steckt man in die Nenndurchmesser-Bohrung jeweils einen passenden Bohrer-Schaft!

Weil die Sägezähne in der Zangenbohrung stets nach außen schneiden, gibt es relativ wenig Grat an den sechs Kanten der Nenn-Durchmesser-Bohrung. Wenn die Säge nicht mehr richtig scharf ist, wird der Grataufbau größer sein. Wie auch immer, anschließend müssen die Innenkanten entgratet werden. Dazu habe ich die Zange wieder in den Sägedorn geschraubt, der nun im Schraubstock geklemmt wird. Für das Entgraten der größeren Zangen verwendet man eine Dreikant-Nadelfeile (**Abb. 117**). Es werden feine 45°-Fasen angefeilt. Bei den kleinsten Zangen kommt man mit Nadelfeilen nicht in die Bohrung. Hier genügt es, einen Wendelbohrer der entsprechenden Größe einzustecken, die drei Backen gegen die Umfangsschneiden des Bohrers zusammenzudrücken und den Bohrer von Hand (!) ein paar Umdrehungen zu verdrehen. Vorsichtig muss man mit einer Rundfeile sein, damit man nicht versehentlich in die Spannflächen feilt. Der Grat in der hinteren 5,2-mm-Bohrung stört kaum. Man beseitigt ihn fast vollständig, wenn man einen 5,2-mm-Bohrer von Hand eindreht. Dagegen muss Grat, welcher sich auf dem 40°-Konus aufgeworfen hat, sorgfältig entfernt werden. Es ist kein Schaden, wenn man großzügige Flächen nach **Abb. 118** anfeilt. Der Grat beim Frei-Ø 9,8 stört ebenfalls kaum und der auf dem Ø 10 kann ebenfalls durch das Anfeilen einer schmalen Fläche sicher beseitigt werden. Und man soll auch den Grat an der Planfläche der Zange mit Nadelfeilen wegfeilen. Dazu kann man die Zange wieder in die Buchse von **Abb. 116** stecken.

Wenn aller Grat entfernt ist, kommt die „Stunde der Wahrheit". Haben Sie alles richtig gemacht, werden die Zangen absolut keinen Rundlauffehler haben. Sie sind ja schließlich in der eigenen Arbeitsspindel ausgedreht. Man prüft das, indem man z. B. in die 4,00-Zange einen 4-mm-Zylinderstift spannt und dessen Rundlauf mit einer Messuhr erfühlt. Läuft eine Zange nicht rund, ist es besser, man

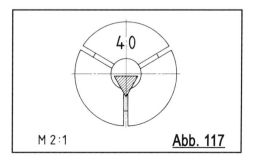

Abb. 117

macht sie neu, als ständigen Ärger mit ihr zu haben.

Nur für den Fall, dass man wirklich oft Massenteile herzustellen hat, empfehle ich für einen Innen-Anschlag in den Zangen zu sorgen. Der Innenanschlag muss in der Zange sitzen und nicht etwa hinten im Anzugsrohr! Man könnte am hinteren Ende der Zangen, dort wo außen das Anzugsgewinde M8×1 sitzt, ein Innengewinde M5×0,5 (Spindelgewinde!) „einbauen". Und dazu dreht man sich entsprechende Anschlagstifte mit eben diesem Gewinde. Eine Kontermöglichkeit müsste ebenfalls in Form einer Kontermutter mit einem Außendurchmesser von maximal 6,5 mm und vielleicht 5 mm Länge geschaffen werden. Diese Mutter sitzt dann hinter der Zange im Anzugsrohr. Wie das Ganze etwa aussieht, hatte ich in (1) Abb. 71a (siehe Literaturhinweise) gezeigt. Ein kleiner Nachteil wäre, dass man nur noch Materialstangen vom Kerndurchmesser des Feingewindes „durch die Spindel" verarbeiten kann.

4.6. Backenfutter

Obwohl wirklich selten benutzt, ist die Anschaffung eines Backenfutters für unsere Kleindrehmaschine anzuraten. Drei- oder Vierbackenfutter? Die Entscheidung liegt in den Spannmöglichkeiten dieser beiden Varianten. Im Dreibackenfutter kann man Rundmaterial und üblicherweise Sechskant-Material zentrisch spannen. Von sehr unüblichen Profilen reden wir hier nicht. Das Vierbackenfutter ist universeller. Es spannt außer Rund- und Vierkant- auch Sechskant-Material zentrisch. Will sagen, dass dem Vierbackenfutter beinahe der Vorzug zu geben ist.

Backenfutter sind nicht billig. Sehr preisgünstig bekommen Sie alle auf Uhrmacherdrehstühlen üblicherweise benutzten Backenfutter (Dreibacken-, Vierbacken-, Ringspann-, Stufenspann- und Sechsbackenfutter mit sechs weichen Backen zum Selbst-Ausdrehen) von der Firma Koch (Händlerverzeichnis). Die Drei- und Vierbackenfutter haben einen Au-

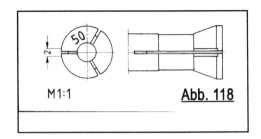

ßendurchmesser von 55 (**Foto 38** ganz rechts und **Foto 39**) und die anderen einen von 60 bzw. 63 mm. Das eigentliche Futtergehäuse ist dabei nur 15 mm lang, die Backen sind 8 mm hoch. Der „Durchlass" beträgt etwas über 5 mm. Spannbar ist im wichtigsten Dreibackenfutter Rundmaterial vom Ø 8 bis zum Scheiben-Außendurchmesser von 50 mm. Ringe können mit einem Innendurchmesser von 12 bis 52 mm gespannt werden. Mit dem jeweiligen Futter wird ein Aufnahmeschaft Ø 8 mit einem speziellen Anzugsgewinde 40 Gg. für Uhrmacherdrehmaschinen geliefert. Dieser Schaft wird entfernt. Er ist mit drei M2,5-Schrauben am Futtergehäuse angeschraubt. Und passend für die Arbeitsspindel fertigen wir nach **Abb. 119** unseren eigenen Schaft (**Foto 41** rechts). Dieser muss aus zwei Teilen bestehen: der eigentliche Schaft (1) und eine vorgesetzte Platte (2). Der Lochkreis-Ø 17 für die drei M2,5-Bohrungen ist am Futtergehäuse vorgegeben. Durch den 14-mm-Zangenkonus

Foto 38: Noch drei Futteransichten (von links nach rechts): emco-Backenfutter, Eigenbau-Planscheibe, Koch-Backenfutter mit umgekehrten Backen

Foto 39: Das Koch-Backenfutter auf der Maschine. Links im Foto der gefederte Index-Stift der Teileinrichtung

ist es nicht möglich, die Kopfsenkungen (4) direkt am Schaft einzubohren (a). Deswegen wird der Bund auf Ø 30 vergrößert, eine zentrierte Platte vorgesetzt, welche ebenfalls von drei M3-Inbus-Schrauben weiter außen auf einem Ø 22 gehalten wird. Die Kopfsenkungen (3) lassen sich hier mit einem Senker bohren. (5) ist eine radiale 4-mm-Bohrung für das Einstecken des Spannknebels. In **Abb. 120** habe ich noch einmal beide Teile einzeln und bemaßt dargestellt.

Beim Futterdorn ist auf guten Rundlauf des Zapfens Ø 7,99 und der Anlagefläche hoch zum Ø 30 zu achten. Beim Schaft-Teil wird zuerst die 40 mm lange Zangenkontur gedreht und die 2-mm-Längsnut gefräst. So kann das Teil in der Arbeitsspindel aufgenommen und die zweite Seite fertiggedreht werden. Die Mittenbohrung wird 5 mm im Durchmesser und wenigstens 7 mm tief vorgebohrt. Dann dreht man sie auf Ø 7,8 und 6 mm tief aus, damit sie 8H7 gerieben werden kann. Die Mitte der Planfläche dreht man 0,2 mm tief frei. Anschließend wird die Platte vorgedreht. Die Seite, deren Zapfen ich mit Ø 8 bemaßt habe, wird zuerst gedreht, auch schon der Ø 30 überdreht. Der Ø 8×4 lang wird dabei „saugend" und spielfrei in die Bohrung des Schaft-Teils eingepasst. Im Teilgerät werden nun die sechs Bohrungen gebohrt: auf den Teilkreis-Ø 22 die drei Kernloch-Bohrungen Ø 2,4 für das M3-Gewinde und auf den Teilkreis-Ø 17 drei Bohrungen Ø 2,7. Mit ausreichender Genauigkeit kann man diese sechs Bohrungen auch direkt auf der Drehmaschine mit einer Handbohrmaschine bohren. Die Arbeitsweise habe ich in (1) Seite 63/64 erklärt (siehe Literaturhinweise). In diesem Fall würde ich zuerst alle sechs Bohrungen 2,4 mm bohren. Die Bohrung in dem besagten Flachstahlstück hätte diesen Durchmesser.

Die Bohrungen auf dem Teilkreis-Ø 17 werden mit einem Zapfensenker Ø 5 oder mit einem 5-mm-Fingerfräser zu 2 mm tiefen Kopfsenkungen erweitert. Die M3-Gewinde werden noch nicht gebohrt. Die Platte wird auf den Bund des Schaft-Teils gesteckt und mit einem 2,4-mm-Zentrierkörner die erste Bohrung auf dem Ø 22 übertragen (oder „abgebohrt"). Diese Körnung wird Ø 3,2 gebohrt

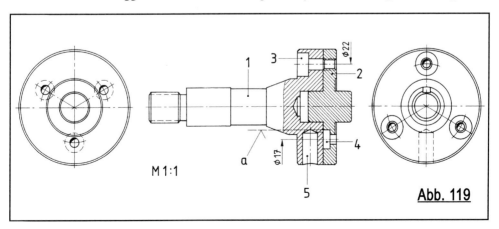

Abb. 119

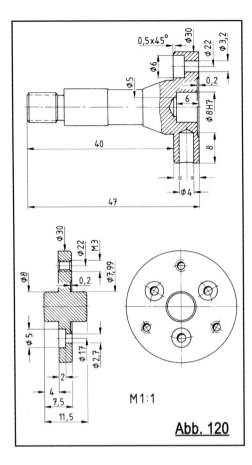

Abb. 120

und von der Rückseite mit einem Zapfensenker Ø 6 drei mm tief gesenkt (das Maß fehlt in der Zeichnung). Jetzt kann das erste M3-Gewinde gebohrt werden. Die Platte wird mit der einer Inbus-Schraube angehängt und gleichzeitig auf dem Rand des Ø 30 zwei Körnungen gegeben, damit die beiden Teile stets richtig gedreht zusammengeschraubt werden. Nun können die beiden restlichen Bohrungen wie die erste auf dem Ø 22 fertiggestellt werden.

Die vorgedrehte Platte hängt nun an drei M3-Schrauben. Der Futterdorn wird wieder in die Arbeitsspindel genommen und die vordere Kontur mit dem Zapfen Ø 7,99 fertiggedreht. Dieser Zapfen wird ebenfalls spielfrei in das Futtergehäuse eingepasst. Dabei werden die noch zu langen M3-Schrauben mit abgedreht.

Auch bei dieser Planfläche soll ein Freistich 0,2 mm tief eingedreht werden, damit die Anlagefläche mit Sicherheit nur außen „trägt". Die drei Fasen an der Platte sind übrigens auch 0,5×45° breit.

Beide Teile werden wieder auseinander genommen. Dann kürzt man die Gewinde der drei M3-Schrauben um 0,2 bis 0,3 mm. Sie dürfen die Planfläche an der Platte später keinesfalls überragen! Das Futter wird auf die Platte gesteckt und mit drei M2,5-Zylinderkopf-Schrauben festgeschraubt (Körnermarkierungen!). Auch deren Köpfe müssen sicher „unter der Fläche" liegen. Zum Schluss werden Futter und Platte an das Schaft-Teil geschraubt und die „Technik" ist fertig zum Einsatz. Die 4-mm-Radialbohrung zum Einstecken des Spannknebels in den Rand des Schafts haben Sie längst getan.

4.7. Aufspannscheibe

Der Bau einer Planscheibe, wie sie der Uhrmacher verwendet (vgl. (1) Foto 39), lohnt nicht. Mit den zu speziellen Spann-Klemmen können nur relativ flache Werkstücke (z. B. die Platten von Uhrwerken) gespannt werden. Sinnvoller ist der Bau einer einfachen Aufspannscheibe mit zahlreichen, über die Fläche verteilten Gewindebohrungen oder eine Aufspannscheibe mit mehreren radialen Langlöchern. So können quaderförmige Werkstücke mit kleinen Spannschrauben und -eisen aufgeknackt werden.

Eine Aufspannscheibe in vernünftigen Dimensionen für unseren Drehstuhl zeigt **Abb. 121**. Damit man mit einem Minimum an „Zerspanungsleistung" auskommt, wird dieses Zubehörteil ebenfalls wieder aus zwei Einzelteilen mit einer Feingewinde-Verbindung zusammengesetzt: ein Spannschaft (a) und die eigentliche Spannscheibe (b). Der Zapfen für das M12×1-Feingewinde und die Anlageplanfläche für die Spannscheibe am Spannschaft werden auf dem eigenen Drehstuhl an- bzw. plangedreht. Am hinteren Gewindeende darf man den Gewindefreistich

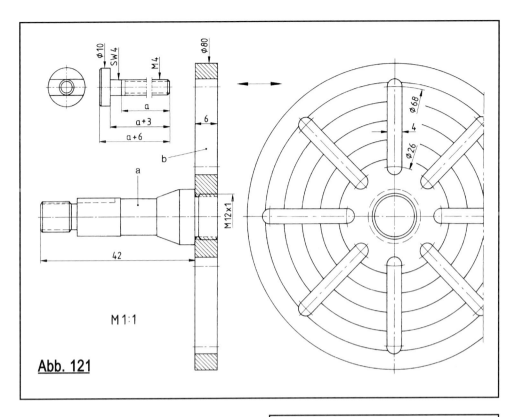

Abb. 121

nicht vergessen. Der Gewindezapfen wird vorerst 2 mm länger angedreht und er erhält am vorderen Ende eine Gewindefase. Dagegen erhält die Spannscheibe nur an der Seite, die später am Schaft anliegt, eine Gewindefase von maximal 12 mm Durchmesser. Die Scheibe ist vorerst 6,5 mm dick mit einem Außendurchmesser von 80,5 mm und die acht Langlöcher sind nach Maßangabe eingefräst. Beim Aufschrauben auf das Schaftteil gibt man 2-K-Kleber in die (ölfreien) Gewindegänge. Nun kann die Spannscheibe auf der Arbeitsspindel auf 6 mm Dicke plan und auf den Ø 80 überdreht werden. Danach wird man von dem M12-Feingewinde kaum noch etwas sehen. An die Außenkanten der Scheibe sticht man feine 45°-Fasen an. Wer will, kann mit einem Spitzstahl nun noch die für Spannscheiben typischen feinen Rillen als Zentrierhilfen (in **Abb. 121** mit Abständen von 5 mm) einstechen.

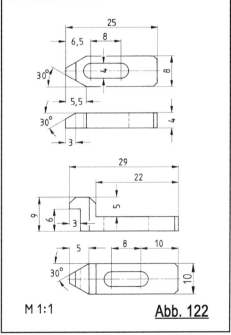

Abb. 122

Die Aufspannscheibe wird mit selbst gefertigten, kleinen Spannschrauben (**Abb. 121** links oben) und Spanneisen nach **Abb. 122** erst richtig komplett. Von den Spannschrauben dreht man sich einen Satz mit unterschiedlichen Maßen (a). Die Haltekraft von M4-Spannschrauben ist nicht sehr groß. Deswegen empfehle ich, beim Arbeiten auf der Spannscheibe nur feinste Späne abzuheben und bei außermittigem Spannen durch entsprechende Gegengewichte immer für einen Unwuchtausgleich zu sorgen sowie nur geringe Drehzahlen zu fahren (erhöhte Unfallgefahr!).

4.8. Planscheibe

Hier gibt es in **Abb. 123** einen Bauvorschlag für eine vollwertige Planscheibe mit Umkehr-Stufenbacken (**Foto 38** Mitte). Auch bei dieser Planscheibe beträgt der Außendurchmesser 80 mm; auch sie besteht aus zwei Grundteilen. Der Spannschaft hat ebenfalls eine Länge von 42 mm. Dazu kommt das M12×1-Gewindestück von vorerst 13 mm Länge. Den Schaft drehen wir aus Automatenstahl zuerst, so dass er in der Arbeitsspindel aufgenommen und das Feingewindestück mit Gewindefase, Freistich und Plananlagefläche zum Ø 14 gedreht werden kann. Auch hier soll man zumindest das Anschneiden des Feingewinde-Schneideisens auf dem Drehstuhl machen (Unterstützung mit der Reitstock-Pinole).

Die Planscheibe selbst wird aus Automatenstahl oder einer Grauguss-Scheibe (Ø 85×20) hergestellt. Dieses Stück wird 14 mm ausragend im Backenfutter gespannt. In diesem Zustand wird plangedreht, zentriert, vorgebohrt, Ø 10,6 ausgedreht (Durchgangs-Bohrung) und der Ø 80 bis knapp an die Futterbacken überdreht. Eine Gewindefase, nicht größer als Ø 12, wird angestochen; das Feingewinde jedoch noch nicht geschnitten! Auch an der Kante des Ø 80 kann man eine 45°-Fase anstechen. Die Rückseite der Planscheibe ist damit fertiggedreht. Das Teil wird

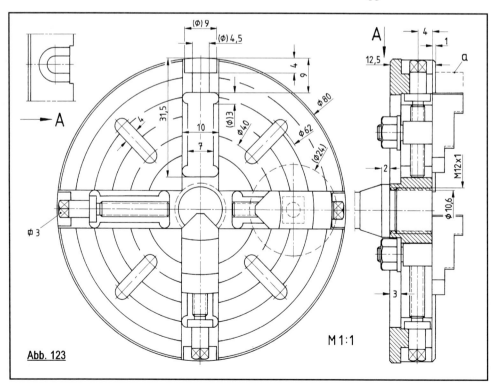

Abb. 123

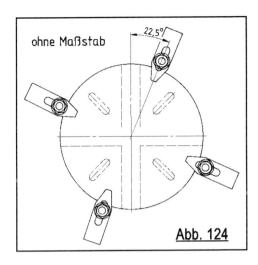

Abb. 124

umgespannt und auf vorerst 13 mm Dicke plangedreht.

Nun folgt das Einfräsen der Nuten, eine schöne Rundtisch-Arbeit. Zur Illustration habe ich die Reihenfolge der Arbeitsgänge aufgezeichnet:

1. Die vorgedrehte Planscheibe wird mit der Rückseite nach unten auf einem Rundtisch (mit Teilscheiben-Teilung) aufgeknackt. Die Spanneisen stehen etwa 22,5° zu den Tischzugrichtungen versetzt (**Abb. 124**). Mit einem Feintaster wird die 10,6-mm-Bohrung exakt zur Rundtischmitte ausgerichtet.
2. Per Koordinaten-Anfahren wird die Nutmitte exakt angefahren. Jeder folgende Arbeitsgang wird reihum (in stets gleicher Drehrichtung) bei allen vier Nuten ausgeführt. Man stellt den Skalenring auf „0" und merkt sich zusätzlich die so genannte Anfahrrichtung.
3. Mit einem 6-mm-Fingerfräser werden die Nuten für die Spannbacken 11 mm tief vorgefräst (die weiteren Arbeitsgänge in **Abb. 125**). Wenn alle vier Nuten gefräst sind, kann man die Mittenlage ganz einfach dadurch prüfen, dass man den Fräser zur gegenüberliegenden Nut fährt und dort in die Nut einsticht. Wenn die Mittenlage stimmt, dürfte er dort keine Späne mehr abheben und man klemmt den Frästisch für diese Mittenstellung.
4. Es wird auf einen 10-mm-Fingerfräser gewechselt und mit diesem die vier 1,5 mm

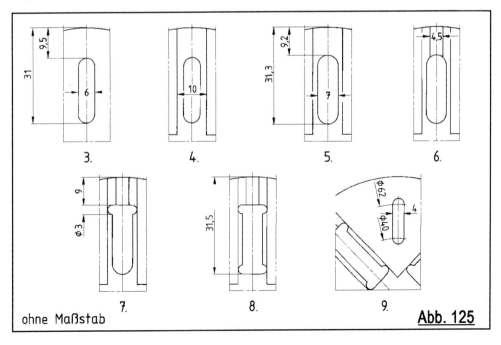

Abb. 125

tiefen (wir haben noch 0,5 mm Aufmaß auf der Scheibendicke!) Nuten als Führungen für die Planscheiben-Backen gefräst. Dabei stellt man je Span nicht mehr als 0,3 mm in der Tiefe zu. Bei zu tiefen Spandurchgängen besteht die Gefahr, dass der Fräser seitlich „ausbricht". Mit dem Fräser fährt man jeweils bis etwas über die Mitte der Planscheibe.

5. Wechsel auf einen 7-mm-Fingerfräser. Einfräsen der Nuten, jedoch auf keinen Fall tiefer, als zuvor mit dem 6-mm-Fräser (Gefahr des seitlichen Ausbrechens)! Wenn man keinen 7-mm-Fräser hat, kann man diese 7-mm-Nut auch mit einem 6-mm-Fräser fräsen. Dazu muss man jedoch die mit „0" gekennzeichnete Nutmitte verlassen. Zuerst um (rechnerisch) 0,5 mm nach „hinten". Das macht man bei allen vier Nuten. Dann zieht man den Fräser Spänchen um Spänchen zurück, bis die Nutenbreite 7 mm fertig ist. Zum Schluss darf man nicht vergessen, den Fräser wieder in der richtigen Anfahrrichtung (siehe Punkt 2.) auf „0" zu stellen.

6. Vorfräsen der 4,5-mm-Nuten für das Einstecken der Spannschrauben mit einem 4,5-mm-Fingerfräser vom Nutgrund der 10-mm-Nuten 4 mm tief.

7. Einstechen der geraden, äußere Nutenden mit einem 3-mm-Fingerfräser, vom Nutgrund der 10-mm-Nuten 8,5 mm tief und auf die Breite der 10-mm-Nuten.

8. Einstechen der geraden, inneren Nutenden mit einem 3-mm-Fingerfräser ebenfalls 8,5 mm tief.

9. Der Rundtisch wird 45° verdreht und so die vier Spann-Nuten 10 mm tief eingefräst.

Foto 40: Sämtliche Nuten an der Planscheiben-Vorderseite werden in einer Einspannung auf dem Rundtisch eingefräst. In der Arbeitsspindel ein etwas umgeschliffener 90°-Senker, mit dem ich die Fasen an die Spannschrauben-Langlöcher angefräst habe

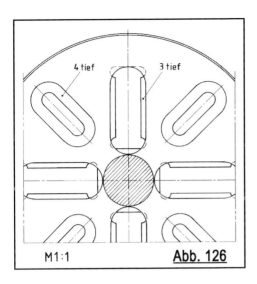

M1:1 Abb. 126

Foto 41: Hier werden die unterschiedlichen Aufnahme-Dorne für die Spannmittel sichtbar

Die Fräsarbeiten an der Vorderseite der Planscheibe sind damit beendet (**Foto 40**). Im Backenfutter der großen Drehmaschine wird nun das M12x1-Gewinde mit Feingewindebohrern eingebohrt. Die Planscheibe kann nun auf den Spannschaft geschraubt (noch nicht verkleben) und in die Arbeitsspindel des Drehstuhls genommen werden. Die Dicke der Planscheibe wird auf 12,5 mm und der noch vorstehende Gewindeteil zum Grund der 10-mm-Nuten vorsichtig plangedreht. Auch hier dürfte man anschließend den Übergang kaum noch sehen. Danach wird die vordere 45°-Fase am Ø 80 angestochen und man kann, wie bei der Aufspannscheibe, feine Zentrierrillen nach **Abb. 123** einstechen. Alle scharfen Kanten werden leicht entgratet.

Die restlichen Fräsarbeiten an der Rückseite der Planscheibe müssen noch ausgeführt werden. Dazu wird sie noch mit dem Schaft auf den Rundtisch gespannt und mit einem Feintaster oder einer Messuhr am Ø 14 des Schafts ausgerichtet. Auch hier stellt man die Spanneisen etwa 22,5° verdreht. Nach dem Ausrichten wird der Schaft herausgeschraubt. Nach **Abb. 126** werden die 10 mm breiten und 3 mm tiefen Nuten für die M4-Klemm-Muttern und die ebenfalls 10 mm breiten aber 4 mm tiefen Nuten an den Spann-Nuten gefräst. Die schraffierte Mitte bei **Abb. 126** stellt den 14-mm-Durchmesser des Spannschaftes dar. Zum Abschluss müssen noch die vier Einstecköffnungen am äußeren Rand nach Ansicht A in **Abb. 123** eingefräst werden. Dazu wird die Planscheibe jeweils stehend im Maschinen-Schraubstock gespannt, so ausgerichtet, dass die betreffende Backenführungs-Nut senkrecht steht und mit einem 4,5-mm-Fingerfräser wird zuerst die 4,5-mm-Nut gerundet ausgestochen (Skalenwert merken!). Dann wechselt man auf einen 9-mm-Fingerfräser (oder auch 10-mm-Fräser) und fräst bis zum gleichen Skalenwert und auf 4 mm Tiefe ein. Das ergibt den Freiraum für den Vierkant-Steckschlüssel. Sind alle Fräsarbeiten beendet, kann der Schaft endgültig mit 2-K-Kleber in die Planscheibe eingeklebt werden. Der Schaft wird dabei wieder kräftig gegen die Scheibe gedreht und nach Aushärten des Klebers prüft man in der Arbeitsspindel, ob die vordere Planfläche noch exakt rund läuft. Notfalls kann die Fläche noch einmal mit dünnem Span überdreht werden.

Soweit die Theorie. In der Praxis habe ich dann doch geringfügige Änderungen vorgenommen. Die acht ovalen Einfräsungen an der Scheibenrückseite habe ich nicht so gemacht. Stattdessen habe ich eine 3 mm tiefe Eindrehung eingestochen (Außen-Ø 63,5 mm, Innen-Ø 14 mm). Für die vier Spann-Nuten habe ich mit einem 12-mm-Fingerfräser eben-

Foto 42: Die Mini-Planscheibe (Ø 80) auf der Maschine. Die Planscheibe sollte nur mit einer Drehzahlregelung benutzt werden, damit ausreichend geringe Spindel-Drehzahlen eingestellt werden können!

Foto 43: Einstechen der Einsteck-Öffnungen für den Futterschlüssel mit einem Finger-Fräser. Auf der losen Schraubstock-Backe liegt noch die Beilage zum Ausrichten der Scheibe

falls 3 mm tiefe Rundungen nach außen in den verbliebenen Rand gestochen (**Foto 41** Mitte). Eine weitere Änderung betrifft die Einsteckröffnungen für den Steckschlüssel. Diese wurden nicht U-förmig, wie bei **Abb. 123** gezeigt, sondern als runde Senkung (Ø 9) eingestochen (für beides vgl. die **Fotos 42 und 43**).

Bleibt noch die Anfertigung der Spannbacken und –schrauben. Befassen wir uns zuerst mit den etwas aufwendigeren Spannbacken. In **Abb. 123** hatte ich bereits gestrichelt den Ø 24 angegeben. Aus 24-mm-Automatenstahl werden die vier Backen zuerst nach **Abb. 127** als einfache Drehteile vorgearbeitet. Wie die Stufenbacke jeweils im Innern des Teils steckt, habe ich gestrichelt dargestellt. Den M4-Gewindezapfen sollte man schon in einer 8-mm-Spannzange andrehen.

Die weitere Bearbeitung erfolgt im Waagerecht-Teilgerät (mit 8-mm-Spannzange). Damit man nicht das gesamte Material fräsen muss, kann man an die Ø 24-Stücke „Schlüsselmaße" 12 sägen (oder im Maschi-

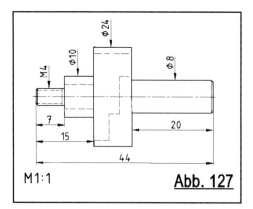

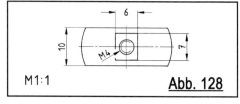

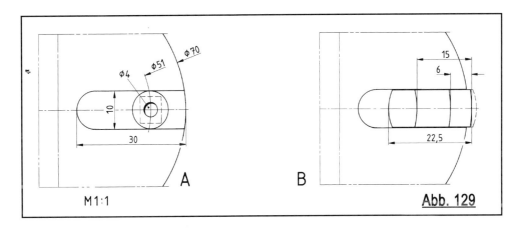

Abb. 129

Foto 44: Andrehen der Außenrundungen an den Planscheiben-Backen (vgl. Abb. 129)

nen-Schraubstock vorfräsen). Dieses wird jeweils auf 10 mm Breite gefräst und soll leichtgängig in die Führungsnuten der Planscheibe passen. In gleicher Einspannung fräst man den Ø 10-Zapfen zu einem Vierkantzapfen 6×7 mm (**Abb. 128**). Die 7 mm Breite passt leichtgängig in die „unteren" Nuten auf der Planscheibe. Damit diese Maße (10 und 7) bei allen vier Teilen gleich und genau mittig entstehen und außerdem wenig Messarbeit nötig ist, fräst man erstens vor und zweitens „nach justiertem Höhensupport und auf Umschlag". Das bedeutet: Wenn das Schlüsselmaß 10 stimmt, wird der Skalenring des Höhensupports „genullt". Genau 1,5 mm „weiter oben" entsteht so das Schlüsselmaß 7 mm.

Vor dem Anarbeiten der Stufen werden zuerst die 8-mm-Spannzapfen abgesägt oder abgestochen. Jetzt wird wieder ein Hilfsteil benötigt. Wir drehen eine planparallele Scheibe Ø 70×11 mm dick. In diese Scheibe wird nach **Abb. 129 A** mit einem 10-mm-Fingerfräser radial eine 10 mm breite und 1 mm tiefe Nut mit dem Längssupport gefräst. Der Quersupport bleibt geklemmt und auf dem Teilkreis-Durchmesser 51 wird zuerst eine 4-mm-Durchgangs-Bohrung gebohrt. Diese Bohrung wird mit dem 10-mm-Fingerfräser vom Grund der 10-mm-Nut 8,5 mm tief aufgesenkt. In diesem Freiraum soll der 7×6-Zapfen an den Backen Platz finden. Die Scheibe wird wieder so in die Bohrbacken des Futters gespannt, dass unsere 10-mm-Nut zwischen den Futterbacken liegt. Nun kann man nacheinander die Backen einstecken und an der

Foto 45: Einige vorgearbeitete Teile für die Drehmaschine

Rückseite der Scheibe mit einer M4-Mutter festschrauben (**Abb. 129 B**). So wird zuerst der „Außendurchmesser" in relativ kleinen Spänen überdreht, bis das Maß 22,5 entsteht (**Foto 44**). Anschließend kann man die Spannstufen vordrehen, bis die Maße 6 und 15 entstehen. Ich hatte die Stufen vorgefräst (**Foto 45**). Das endgültige Eindrehen der Stufen geschieht später für einen 100%igen Rundlauf auf der Planscheibe und in der Arbeitsspindel des Drehstuhls! Vorher fräst man die „Länge" der Stufen im Maschinen-Schraubstock auf 22 mm und fräst die 45°-Schrägen nach **Abb. 130** an.

Die vier Spannschrauben dreht man aus Automatenstahl nach den Maßen von **Abb. 131**. Weil auch hier möglichst alle Durchmesser zueinander rund laufen sollen, empfehle ich das Arbeiten „von der Stange" und in Taktschritten wie beim Teil in **Abb. 74**. Vor dem Abstechen auf 30,9 mm Länge wird der Vierkantkopf mit 3 mm Schlüsselweite angefräst. Im Hinblick auf den später anzufertigenden Vierkant-Steckschlüssel soll das 3-mm-Maß kein Übermaß haben und die Untermaße sollten bei allen vier Schrauben gleich sein! Man kann auch einen 4×4-mm-Kopf anfräsen. In dem Fall müsste der Durchmesser auf diesem 3-mm-Bereich für das größere Eckenmaß jedoch 5,6 mm gedreht werden. Das Gewindeende benötigt eine Freistichnut. Die vier Unterlegscheiben, welche an

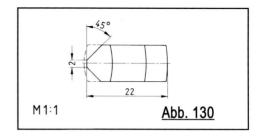

Abb. 130

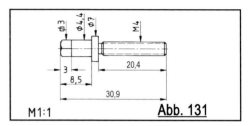

Abb. 131

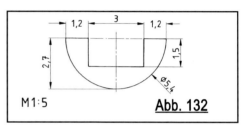

Abb. 132

der Rückseite der Planscheibe unter den M4-Klemm-Muttern liegen, dreht man am besten selbst. Sie dürfen vor allem nicht zu dünn sein. Ich empfehle die Maße Ø 11×Ø 4,2×1.

Als nächstes müssen die M4-Gewinde in die Zapfen der Backen gebohrt werden. Die Backen werden an den Seiten mit Körnermarkierungen oder kleinen Schlagzahlen unverwechselbar markiert. Die gleichen Markierungen setzt man auf den Außenrand der Planscheibe. Die Backen werden mit der höchsten Stufe nach außen in ihre Führungsnuten gesetzt, ganz nach außen geschoben und mit den Muttern an der Rückseite der Planscheibe festgezogen. So kann man mit einem 4,5-mm-Zentrierkörner, der in die 4,5-mm-Rundung am Scheibenrand gelegt wird, die Körnung in die äußere Fläche des Backen-Vierkantes schlagen. Das ist etwa die Stelle, wo bei **Abb. 127** der Pfeil für die Angabe Ø 10 steht. Die Backen werden gelöst, im Schraubstock

Foto 46: Die fertige Planscheibe

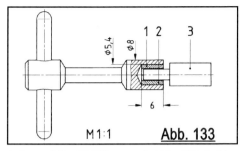

1, 2: zwei Profilhälften nach Abb. 132, 3: Alu-Dorn mit angefrästem 3-mm-Vierkant

exakt senkrecht stehend ausgerichtet und die 3,2-mm-Kernloch-Bohrungen und die M4-Gewinde können gebohrt werden.

Als letzte Arbeit an den Backen werden deren Stufen auf der eigenen Arbeitsspindel angedreht. Dazu werden sie wieder in der äußersten Stellung geklemmt. Mit der Messuhr prüft man an der schon angedrehten äußeren Rundung, ob alle vier auf dem gleichen Durchmesser stehen. Beim Ausdrehen stellt man eine sehr geringe Drehzahl ein und in die Innenecken der Stufen sticht man je einen Eckenfreistich ein. Zum Schluss werden die scharfen Kanten leicht gebrochen. Falls alles richtig gemacht wurde, besonders das Fräsen der Führungsnuten (10 und 7 mm breit), sollten die M4-Spindeln auch beim Umkehren der Backen gut einzuschrauben sein.

Die Planscheibe (**Foto 46**) wird erst mit einem kleinen 3-mm-Steckschlüssel komplett und nutzbar. Für die Herstellung des Innen-Vierkantes wenden wir einen kleinen Trick an: Zwei Halbschalen mit Längsnuten werden zusammengelötet. Das klappt aber nur bei Präzision der Arbeit. Nach **Abb. 132** wird aus Automatenstahl (besser Silberstahl) ein etwa 15 mm langes Profilstück gefräst. Alle Maße sollten möglichst auf 1/100-mm genau eingehalten werden. Bereits das Abfräsen der oberen Hälfte wird mit einem 2-mm-

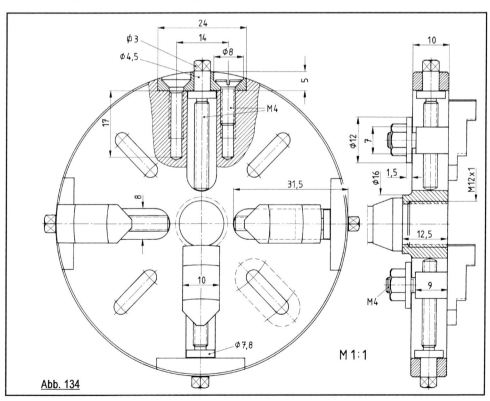

Fingerfräser (oder Ø 2,5) gemacht. Sobald das Maß 2,7 erreicht ist, wird der Skalenring des Höhensupports genullt, der Fräser in die Mitte gestellt und in ebenfalls kleinen Spänen zuerst auf die Tiefe 1,5 mm gegangen. Dann muss der Fräser in kleinen Spänen nur noch seitlich versetzt werden, damit die Seitenmaße 1,2 und damit die Nutbreite 3 mm entstehen (gratfreies Messen!). Von dem Profil werden zwei Stücke je 6 mm lang abgesägt. Die äußere Form des Steckschlüssels ist belanglos. **Abb. 133** im Maßstab 1:1 ist nur als Vorschlag anzusehen. Die beiden Profilstücke werden weich in die 6 mm tiefe 5,4-mm-Bohrung eingelötet. Zur Sicherheit steckt man dabei ein schnell gefrästes Alu-Profil 3×3 mm vorn mit ein. In der gleichen Art und Weise habe ich einen etwas größeren Steckschlüssel für die Vierkantköpfe an den Stahlhalter-Klemmschrauben angefertigt (Das Einlöten ebenfalls mit einem Alu-Profil-Stück).

Sehr große Werkstücke soll man auf unserer kleinen Eigenbau-Planscheibe nicht spannen und die Spantiefe beträgt nie mehr als 1 mm! Wir denken daran, dass schon ein Fingerhut für einen Uhrmacherdrehstuhl ein großes Werkstück darstellt. Wie bei der Aufspannscheibe wird bei außer Mitte gespannten Teilen immer für einen Massenausgleich gesorgt. Eine kleine Anregung am Rande: Bauen Sie die Planscheibe für eine etwas größere Tischdrehmaschine in Dimensionen größer. Sämtliche Maße werden mit dem gleichen Faktor multipliziert und gegebenenfalls gerundet. Beim Vergrößerungsfaktor 1,5 kommen wir auf einen Außendurchmesser von 120 mm. Die Führungsnuten für die Backen würden 15 und 10 mm (1,5×7 = 10,5 ≈ 10 mm) breit und die Spannschrauben hätten M6-Gewinde. Beim Faktor 2 ergäben sich z. B. die Maße 160, 20, 14 und M8-Gewinde usw. Die mittige Aufnahme muss in diesen Fällen den Gegebenheiten an der Drehmaschine angepasst werden.

Wie eine Planscheibe in gleichen Dimensionen, jedoch in Details einfacher gestaltet, aussieht, habe ich in **Abb. 134** konstruiert. Hier sind die Führungs-Nuten für die Backen 8 mm breit. In 24 mm breiten und 5 mm tiefen Ausnehmungen am Rand sitzen Steine als Gegenlager für die Zustellspindeln. Deren Vierkantköpfe ragen aus der Scheibe heraus (Vorsicht, erhöhte Unfallgefahr!). Die Steine sind nicht verstiftet, sondern werden von M4-Senkkopf-Schrauben ausgerichtet. Für das Umkehren der Backen muss man die Steine einzeln abschrauben (Körnermarkierungen!). Selbstverständlich macht man die Steine zuerst mit Übermaß (6 mm dick und 12 mm breit) und dreht sie erst nach der Montage in den Ausnehmungen zu den Flächen der Planscheibe bündig. Deswegen müssen die Senkköpfe auch tief genug sitzen. Die wesentlichen Maße habe ich in der Abbildung schon eingetragen. In den beiden Darstellungen sitzen die Backen wieder in unterschiedlichen Stellungen. Beim Spannen mit den Backen von innen nach außen (z. B. Ringe in der Bohrung spannen) rutschen die Spannspindeln nach innen. Man dreht sie deshalb mit einem Radius 4 am Gewindeende gerundet gerade so lang, dass sie die Längen der 8-mm-Nuten voll ausfüllen. Gleiches gilt eigentlich auch für die Spannschrauben in **Abb. 131**. Hier werden die Gewindeende jedoch plan gedreht!

4.8.1. Sonderzangen

Eben hatten wir gehört, auf welche elegante Weise man beinahe problemlos ein genaues Innen-Vierkant für einen Steckschlüssel herstellen kann. Ich möchte den dahinterstehenden Gedanken für die Herstellung von Sonderspannzangen, wie sie in der Industrie z. B. auf allen Drehautomaten benutzt werden, für unseren Hobby-Bereich (auch für größere Drehmaschinen!) als interessante Anregung weiterführen. Es geht um Vier- und Sechskant-Spannzangen. Vielleicht hat man des Öfteren dieses Stangen-Material in der Drehmaschine zu spannen und muss dieses in Zangen nehmen, die eigentlich für Rundmaterial gedacht sind. Das ist nicht besonders gut.

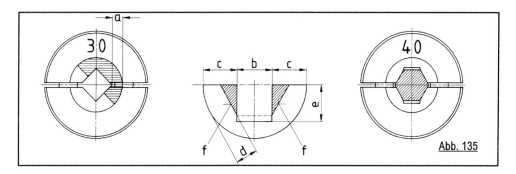

Abb. 135

Betrachten wir zuerst eine Vierkant-Zange. Auch für die Herstellung dieser Zangen ist äußerste Sorgfalt nötig, damit man einen zentrischen Rundlauf erreicht. So wie bei **Abb. 132** wird ein hochgenaues Profilstück gedreht/gefräst. Die beiden möglichst langen Profil-Abschnitte werden gut passend in die Ausdrehung einer noch ungeschlitzten Zange eingepasst und ebenfalls mittels eines Alu-Dorns weich eingelötet. Nach dem Einlöten kann die Zange mit zwei Schlitzen, welche durch die Diagonal-Ecken des Vierkants gehen, geschlitzt werden (**Abb. 135** links am Beispiel einer 3-mm-Vierkantzange). Das zu fräsende Profilstück habe ich schraffiert. Die Größe des möglichen Vierkants ist selbstverständlich begrenzt. Das Diagonal-Maß des Vierkants kann nicht größer als der „Durchlass" der Zange minus einer gewissen „Wandstärke" (a in **Abb. 135**) sein!

Ebenso sieht es bei Sechskant-Spannzangen aus. Man sollte sich eine Querschnitt-Zeichnung als Vergrößerung (am besten 10:1) anfertigen. Bei einer Sechskant-Zange genügt es, wenn nur vier Flächen (f) „tragen". Aber diese vier Flächen – der Vorrichtungsbauer im Werkzeugbau nennt sie Bestimmflächen, weil sie die Lage eines Werkstücks eindeutig bestimmen – sollten für den zentrischen Rundlauf stimmen. Die Maße (d) in **Abb. 135** lassen sich gut messen und möglichst auf 1/100 mm genau einhalten. Das Profilstück wird im Waagerecht-Teilgerät gefräst. Zuerst fräst man eine rechteckige Nut (b) breit, (e) tief. Dabei werden die Maße (c)

Foto 47: Eine der fünf Stufen-Spannzangen in der Arbeitsspindel

schon vollkommen gleich eingehalten. Die Tiefe (e) reicht einen geringen Betrag tiefer als die Sechskant-Kontur, die ich gestrichelt eingezeichnet habe. Nach Drehung der Teilspindel um jeweils 30° kann das Material im schraffierten Bereich ausgefräst werden. Dabei werden die Maße (d) eingehalten. Die Vorderansicht der geschlitzten Zange sieht nach **Abb. 135** rechts aus. Zur Verdeutlichung habe ich hier das 4-mm-Sechskant-Material schraffiert eingezeichnet.

4.8.2. Stufenspannzangen

Ein wichtiges Zubehör für Drehmaschinen sind Stufenspannzangen (**Foto 47**). Mit ihnen spannt man hauptsächlich kurze, ring- und scheibenförmige Werkstücke am Außenrand. Die eingedrehten Spannstufen sind in der Regel sehr kurz (in Axialrichtung gesehen).

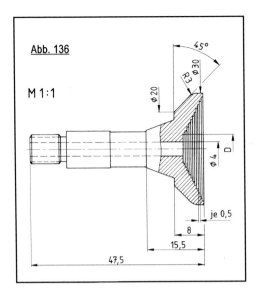

Abb. 136
M 1:1

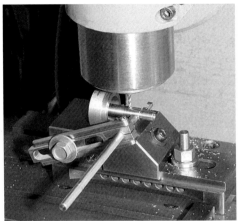

Foto 48: Bei den Ringfuttern (und anderen Teilen) werden die Längsnuten mit einem 2-mm-Fingerfräser (gemäß Abb. 29 unten) eingefräst. Der Niederzug-Schraubstock trägt hier einen Fingeranschlag

Würde man die Spannstufen länger machen, müsste der Satz Stufenspannzangen aus mehr als fünf Zangen bestehen. Auch würden die flachen Werkstücke im Innern der Zange dann für die Drehwerkzeuge schwieriger „erreichbar" sein. Die **Abb. 136** zeigt das Problem. Die Stufen sind üblicherweise nur einen halben Millimeter lang. Von Durchmesser zu Durchmesser ändern sich die Stufen um jeweils 2 mm. Die Plananlage für die Werkstücke ist also rundum 1 mm breit. Auf den kurzen Stufen werden runde Scheiben sehr sicher und fest gespannt – vorausgesetzt:
• sie sind richtig rund,
• sie sind gratfrei,
• die Außenfläche ist richtig zylindrisch,
• sie werden auf der richtigen Stufe in der richtigen Zange gespannt,
• sie haben keine Fasen oder Rundungen,
• sie werden beim Spannen richtig gegen den Grund der Stufe gedrückt,
• die Spannstufen sind unbeschädigt und
• die Stufen sind beim dem Spannen richtig sauber und spänefrei.

Selbst dünnwandige Ringe werden in Stufen-Zangen sicher gespannt und dabei nicht verformt. Die Tabelle nennt die Durchmesser-Stufungen für unsere Zangen.

Durchmesser (D) der Stufen-Spannzangen

Zange 1	Zange 2	Zange 3	Zange 4	Zange 5
28,0	27,6	27,2	26,8	26,4
26,0	25,6	25,2	24,8	24,4
24,0	23,6	23,2	22,8	22,4
22,0	21,6	21,2	20,8	20,4
20,0	19,6	19,2	18,8	18,4
18,0	17,6	17,2	16,8	16,4
16,0	15,6	15,2	14,8	14,4
14,0	13,6	13,2	12,8	12,4
12,0	11,6	11,2	10,8	10,4
10,0	9,6	9,2	8,8	8,4
8,0	7,6	7,2	6,8	6,4

Meine fünf Stufen-Spannzangen habe ich aus 50 mm langen Abschnitten von 30-mm-Automatenstahl gedreht. Zuerst wird, wie schon bekannt, die Schaftseite einschließlich Anzugsgewinde, 4-mm-Durchgangs-Bohrung, Zangenkegel und Längsnut fertiggestellt **(Foto 48)**. Der Außendurchmesser wurde mit einem sehr sparsamen Span nur rundlaufend überdreht. Die Schaftlänge beträgt bis zum Kegelende 39,5 mm. Sind alle fünf Schäf-

Foto 49: Ringfutter und zwei Stufen-Spannzangen. Links der höhenverstellbare Bohrstahlhalter, den ich schon seit Jahren auf meinem Boley-Drehstuhl verwende (Bauplan vorhanden!)

te fertig (zehn, denn ich habe natürlich die Schäfte für die Ringfutter gleich mitgedreht, andere Längen bei denen!), können die Zangen in der Arbeitsspindel aufgenommen und die „Stufenseiten" fertiggedreht werden. Tatsächlich habe ich die Stufen vorgedreht und anschließend mit einem neu scharfgeschliffenen Eckbohrstahl nachgedreht. Bei beiden Arbeitsgängen arbeitet man (für alle fünf Zangen) fast ausschließlich „nach justierter Skala". Einmal eingestellt wird nichts mehr gemessen. Die 45°-Schräge auf den Ø 20 habe ich erst zum Schluss mit einem Stechstahl

Foto 50: Ein Ringfutter auf der Maschine. Am Rand der Arbeitsspindel eine eingeschliffene Kerbe an der Stelle, wo innen der Mitnehmer-Stift sitzt (Pfeil)

angedreht. Das Schlitzen der Stufen-Zangen macht man so wie bei den normalen Zangen. Den Grat an den Stufen habe ich mit einer kleinen rotierenden Drahtbürste weggenommen. Eine besondere Beschriftung ist bei Stufen-Zangen (und auch bei den Ringfuttern) nicht nötig. Bei der Auswahl der richtigen Zange hält man das Werkstück in die Zangen und benutzt schließlich diese, bei der das geringste „Spiel" zur nächsten Stufe auftritt (**Foto 49**).

4.8.3. Ringfutter

Ringfutter spannen Ringe in der Bohrung. Die drei Zangenteile müssen folglich auseinander spreizen (**Foto 50**). Dafür hat unser Arbeitsspindel-Kopf einen exakt rundlaufenden 40°-Außenkonus. Bei den Ringfuttern ist das eigentliche Schaftteil nur 33 mm lang (vgl. **Abb. 137**).

Meine fünf Ringfutter habe ich ebenfalls aus 30-mm-Automatenstahl gedreht (48 mm lange Abschnitte) und dabei den Außendurchmesser auch nur leicht überdreht. Wichtig ist selbstverständlich, dass besonders der 10-mm-Zentrierdurchmesser und der 40°-Innenkonus zusammen rund läuft (Körner-Markierung auf dem Ø 30 zwischen den Arbeitsgängen!). **Abb. 138** zeigt das Einstechen des Innenkonus. Der Stechstahl ist in der Draufsicht konisch geschliffen. Er wird so eingestellt, dass er sowohl zum Freistich am Schaft (a)

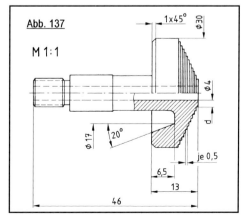

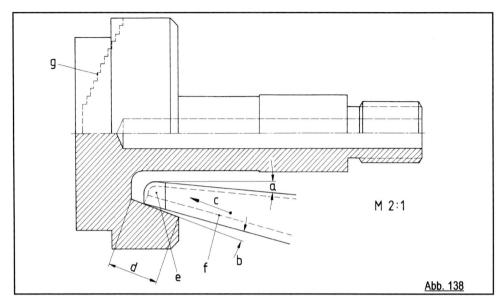

Abb. 138

als auch zur entstehenden Innenkonus-Fläche einen Freiwinkel (b) hat (hier jeweils 5°). Er erhält eine schön gerundete Spanrille (e) und ausreichende Freiwinkel (f). An der innenliegenden Ecke erhält der Stechstahl eine Rundung (mit Freiwinkel!), damit beim Drehen die innenliegende Rundung zum Schaft entsteht. Der Obersupport wird 20° schräg gestellt, das ergibt die Bewegung (c). Weil man dabei die axiale Länge 6,5 mm an der Obersupport-Skala nicht einstellen kann, fährt man den Stahl vom Ankratzen an der Planfläche rund 7 mm tief ein (als Maß d bezeichnet). Das ergibt dann die geforderte Axialtiefe der Plannut von 6,5 mm. Auch hier habe ich die Nuten auf einen gemeinsamen Durchmesser erst vorgestochen und danach mit neu scharfgeschliffenen Stahl auf Ø 21,5 (das entspricht dem geforderten „Innen-Ø 17") sauber fertiggedreht. Die Konusfläche sollte dabei sehr glatt erscheinen. Auf dem Durchmesser 9,8 (Freistich am Schaft) habe ich beim Vorstechen zuerst etwas Aufmaß gelassen. Dieses habe ich zum Schluss per Langdrehen (die 20°-Verstellung zurückgenommen) weggenommen. Als (g) habe ich die später anzudrehenden Spannstufen in

Foto 51: Sägen der Schlitzung in ein Ringfutter auf einem Waagerecht-Teilgerät. Es ist ersichtlich, dass der eben gesägte Schlitz 60° neben der Schaft-Längsnut liegt!

Abb. 138 dargestellt. In gleicher Weise wird der Schaft für das emco-Backenfutter (vgl. Abb. 25) gedreht. Die Durchmessermaße (d) für die fünf Ringfutter entsprechen denen aus der Tabelle „Stufen-Spannzangen". Auch hier ist das Schlitzen mit einer 0,6- bis 1-mm-Säge kein Problem, denn Automatenstahl lässt sich recht gut sägen. Auch dazu wird wieder der Dorn nach **Abb. 30** verwendet (**Foto 51**).

Mehrmals hatte ich schon darauf hingewiesen, dass die wichtigen Flächen an Dornen und Spannzangen usw. erst auf dem eigenen Drehstuhl fertigbearbeitet werden können, wenn dieser mit Arbeitsspindel (2-mm-Stift in dieser!), Kreuzsupport und Antrieb fertig zum Drehen ist. Das ist die wichtigste Voraussetzung für guten Rundlauf unserer Zubehörteile. Vorgedreht habe ich die meisten Sachen jedoch auf meiner großen Drehmaschine. Im Dreibackenfutter habe ich die Buchse nach **Abb. 116** ausgedreht. Auf dem Ø 20 erhielt die Buchse zwischen zwei festgelegten Futterbacken eine Körnermarkierung, damit sie immer wieder rundlaufend eingespannt werden kann. Auch der 40°-Außenkonus wurde zum Ø 23 angedreht, die 10-mm-Bohrung selbstverständlich gerieben. So hatte ich eine „Spindelattrappe" für meine große Drehmaschine. Mit einem entsprechend langen Anzugsrohr (ein Ende M8×1-Innengewinde, das andere Ende M8-Außengewinde) konnte ich nun meine Zubehörteile stets auf der großen Drehmaschine – mit selbstverständlich größeren Spänen – vordrehen. Oftmals ließ ich nur wenige Zehntel-Millimeter Aufmaß auf den Flächen.

4.9. Riemenscheibe/Antrieb

Beim Riemenantrieb für die Arbeitsspindel ist etwas konstruktive Tätigkeit notwendig. Die verwendeten Riemen haben verschiedene Querschnittsformen und Umfänge (Längen) und die Welle des Antriebsmotors hat ganz bestimmte Maße. Einzig die Maße der Arbeitsspindel sind nach **Abb. 1** bzw. **Abb. 21** vorgegeben. Bei nicht regelbarer Motordrehzahl sollte man einen mehrstufigen Riemenantrieb konstruieren. Haben wir einen Motor mit praktischer Drehzahlsteuerung, genügt ein einstufiger Antrieb. Die Erfahrung hat gezeigt, dass in diesem Fall dennoch eine geringe Drehzahl-Untersetzung stattfinden sollte. Wie auch immer, die Riemenscheiben, oder besser die Flächen, auf denen die Riemen laufen, und die Wellenbohrungen müssen exakt zueinander rund laufen. Das ist meist mit wenig Aufwand erreichbar. Die anderen Plan- und Absatzflächen müssen eigentlich nicht rund laufen. Es sieht jedoch besser aus, wenn alles an den Scheiben „läuft".

Für derart kleine Maschinen kommen Rundriemen, Rippenbänder, Keilriemen und Zahnriemen zum Einsatz. Die **Rundriemen** sind endlos gespleißte Seile, welche mit einer Weichplaste ummantelt sind. Sie haben eine sehr hohe Lebensdauer. Die Riemen lässt man in V-Nuten mit einem Keilwinkel von 60° laufen. Der Grund dieser V-Nuten soll spitz ausgestochen sein, damit die Riemen nur an den Flanken anliegen, sich darin „verkeilen" und folglich richtig ziehen. Die „obere" Hälfte des Riemens kann aus dem Körper der Riemenscheibe herausragen. Einen solchen Riemen verwende ich an meiner Maschine. Rundriemen werden auf kleinen Gravier-Fräsmaschinen (Schlüssel- und Schilderdienst) eingesetzt. Sicherlich bekommt man diese Riemen als Ersatzteil für diese Maschinen einzeln zu kaufen.

Für **Rippenbänder** sind mehrere Bezeichnungen gebräuchlich: Keilrippenriemen, Poly-V-Riemen, Rippenband und Vielkeilriemen. Anbieter sind Hersteller wie Pirelli, optibelt, Synchroflex, Conti usw. (siehe Händlerverzeichnis). Diese Riemen werden quasi endlos als Schlauch hergestellt. Am äußeren Umfang sind Schnüre in den Hartgummi eingegossen.

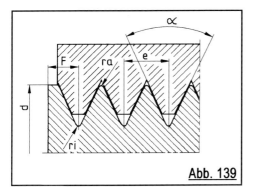

Abb. 139

Von diesem Schlauch werden nach Bedarf drei oder mehr Rippen abgeschnitten, so dass für unterschiedliche Kraftübertragungen verschiedene Riemenbreiten entstehen. Von optibelt kommen zwei Formen für uns in Frage: Der Profilschnitt PH hat einen Teilungsabstand von 1,6 mm von Rippe zu Rippe; der Riemen ist hier 2,5 mm dick und beim Profil PJ ist die Teilung 2,34 mm bei einer Riemendicke von 3,5 mm. Die Umfänge sind gestuft von 280 mm (der kleinste von PJ) bis fast 2.500 mm. Bei PH ist der kleinste Riemen allerdings schon 698 mm lang. Auch bei den Rippenbändern werden die einzelnen Rillen in der Riemenscheibe nahezu spitz, mit einem Rillenwinkel von 40° eingestochen. Der Rillenabstand (Teilung) wird mit dem Obersupport nach Skala exakt eingestellt. In **Abb. 139** ist das Profil der Riemenscheibe für die beiden Typen PH und PJ gezeichnet und in der Tabelle „Rippenbänder" finden wir die zugehörigen Maße.

Foto 52: Gefederter Index-Stift, dreistufige Riemenscheibe und Alu-Handrad des Spindel-Anzugsrohres

Rippenbänder PH und PJ (alle Maße in mm)

		PH	PJ
Rillenabstand e		1,6	2,34
zul. Abweichung von e		± 0,03	± 0,03
F min.		1,3	1,8
Rillenwinkel α		40°	40°
Kopfradius ra		0,15	0,2
Fußradius ri		0,3	0,4
Mindest-Scheibendurchmesser d		13	20
	3 Rillen	5,8	8,3
	4 Rillen	7,4	10,6
	5 Rillen	9	13
	6 Rillen	10,6	15,3
	7 Rillen	12,2	17,6
	8 Rillen	13,8	20
	9 Rillen	15,4	22,3
	10 Rillen	17	24,7

Von den klassischen **Keilriemen** nach DIN 2215 lassen sich für unseren Zweck die Profile „5" und „Y/6" verwenden, wobei ich dem Profil „5" den Vorrang gebe. Dieser Riemen ist nur etwa 5 mm breit, bei rund 3 mm Dicke.

Der Keilwinkel beträgt 32° (wichtig für das Anschleifen des Rillen-Formstechstahls). Die Riemen dieses Profils gibt es gestuft von 200 bis 610 mm (Umfangs-)Länge. Die kleinste Riemenscheibe sollte hier laut „Technisches Handbuch" von optibelt keinen geringeren Durchmesser als 25 mm haben. Die Rillentiefe soll 5 mm betragen, damit der Riemen niemals auf dem Grund der Rille aufsitzt.

Die Riemen „Y/6" gibt es in Längen von 295 bis 865 mm. Sie sind 6 mm breit und 4 mm dick. Die Rillentiefe soll 6 mm betragen; die kleinste Riemenscheibe 32 mm. Auch hier ist der Keilwinkel 32°. Beide Riementypen haben einen Gummikern mit eingegossenem Seilcord-Zugstrang und außen ein abriebbeständiges Umhüllungsgewebe.

Zahnriemen würde ich auf einer kleinen Drehmaschine nicht einsetzen. In bestimmten Situationen ist es besser, wenn der Riemen einmal rutschen kann!

In **Abb. 140** habe ich die spindelstockseitige, dreistufige Riemenscheibe für einen Rundriemen von 5 mm Querschnitt konstruiert (**Foto 52**). Um den Rundlauf nicht durch einseitig drückende Madenschrauben oder Ähnliches zu stören, wende ich in solchen Fällen gern die Klemmung durch einen ausreichend dickwandigen Klemmring (1) an.

Dieser sitzt auf einem angedrehten und mehrfach geschlitzten Bund von nicht zu großer Wandstärke. Die Wandstärke des Klemmrings soll wenigstens dem Gewindedurchmesser der Klemmschrauben entsprechen. In der Regel sägt man „über Kreuz" vier Schlitze in der Länge des Bundes ein und entgratet sie sorgfältig. Die Klemmschrauben können Schrauben mit Kopf oder Madenschrauben sein. Weil die einzelnen Stücke des geschlitzten Bundes nicht zu stark verbogen werden können (und dürfen!), soll die Bohrung, die durch die gesamte Riemenscheibe reicht, schon sehr genau – am besten gerieben oder ausgedreht – sein. Nur wenn das so ist, genügt ein sehr leichtes und rundum gleichmäßiges Anziehen der Klemmschrauben, um die Riemenscheibe bombenfest und ohne Einbuße von Rundlauf auf der Welle zu verklemmen. In gleicher Weise würde auch die dreistufige Riemenscheibe auf der Motorwelle geklemmt. Dabei sind die Stufen aber umgekehrt. Und den Motor setzt man so, dass die große Riemenrille am Gehäuse liegt.

Für einen kleinen Elektromotor kann es besser sein, wenn er nur eine Riemenscheibe trägt, die zudem nahe am vorderen Gehäuseschild sitzt. Dann macht man den Motor auf seiner Schwenkhalterung (Riemenspannung!) axial verschiebbar und kann so dennoch eine Dreierscheibe auf der Arbeitsspindel „bedienen". Gleich vier verschiedene Arbeitsspindel-Drehzahlen kann man erzeugen, wenn auf dem Spindelstock und auf der Motorwelle nur je zwei Riemenscheiben sitzen und der Motor ebenfalls in Achsrichtung verschoben werden kann. Dazu ist etwas Rechnerei nötig, damit man die richtige Drehzahlstufung erreicht. Das System ähnelt dem Kettentrieb eines Rennrads mit Überwerfer vorn und Gangschaltung am Hinterrad. Wobei sich die Übersetzungen der Kettenblätter vorn bei den meisten normalen Fahrrädern oft überschneiden, rechnet man sie einmal aus. Ein Fahrrad mit drei Kettenblättern vorn und einem Siebenling hinten muss also nicht echte 21 Gänge haben!

Foto 53: Auf einem „fliegendem Dorn" werden die V-Nuten in die Riemenscheibe gedreht

In **Abb. 140** habe ich die wesentlichen Maße eingetragen. Ist das Lagerspiel einmal eingestellt, können die Einstell-Kontermuttern von der Riemenscheibe überragt werden (Ausdrehung Ø 32×10 tief). Die Durchmes-

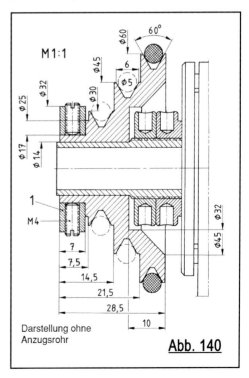

Abb. 140

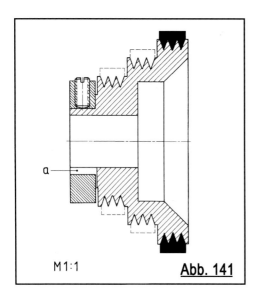

M 1:1 Abb. 141

serangaben (Ø 30, 45, 60) sind selbstverständlich nur Beispiele. Man kann sie entsprechend der Verhältnisse des Motors noch ändern. Den besten Rundlauf habe ich bei Riemenscheiben stets so erreicht:

1. Alle Riemenstufen werden mit etwas Aufmaß vorgedreht,
2. die Bohrung (hier Ø 14) wird als spielfreier Sitz nach der Welle ausgedreht (gegebenenfalls gerieben),
3. der Sitz für den Klemmring (hier Ø 17) wird fertiggedreht,
4. die vier Schlitze werden in den Bund gesägt (hier Länge 7 bis 7,5 mm) und entgratet,
5. der Klemmring wird gedreht und seine vier Gewindebohrungen gebohrt,
6. im Backenfutter wird an ein Materialstück ein Zapfen als „Wellenattrappe" angedreht (hier Ø 14,00× etwa 30 lang),
7. darauf kann die vorgedrehte Riemenscheibe mit dem Klemmring geklemmt und alle Riemenstufen und -rillen fertiggedreht werden **(Foto 53)**.

Weil man dabei die Riemenscheibe in beiden Richtungen aufstecken kann, ist es möglich, beide Konturseiten sauber rundlaufend zu drehen. Wenn man auf diese Weise auch die Riemenscheibe für den Motor dreht, ist es wegen dem meist geringeren Wellendurchmesser angebracht, gegen den „fliegenden Dorn" eine mitlaufende Spitze zu setzen. Den Klemmring dreht man aus Stahl; die Riemenscheibe kann man auch aus Alu drehen. Für meine Maschine habe ich eine Riemenscheibe nach **Abb. 140** gedreht; für den Motor (9-mm-Welle) eine zweistufige.

In **Abb. 141** habe ich eine dreistufige Riemenscheibe für Dreifach-Rippenbänder PJ (vgl. oben) konstruiert. Auch hier ragen die beiden großen Scheiben über die Kontermuttern hinweg. Bei (a) ist einer der vier Schlitze zu sehen. Der Klemmring hat stets eine beträchtliche Breite. Falls dafür in der Konstruktion kein Platz vorhanden ist, kann man einen konischen Klemmring „in die Scheibe" einbauen, sofern diese groß genug ist. Wie diese konkret für unsere Arbeitsspindel aussieht, zeige ich in der nächsten **Abb. 142**. Die Riemenscheibe hat eine Ausdrehung, deren vierfach geschlitzter und ebenfalls nicht zu dünnwandiger Klemmbund 4° schräg gedreht ist. Mit (b) habe ich die durch die Bohrung geführten Sägeschnitte (Metall-Laubsäge oder

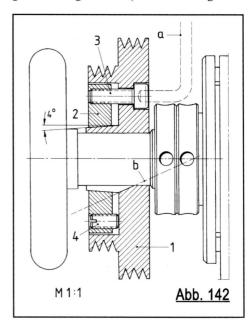

M 1:1 Abb. 142

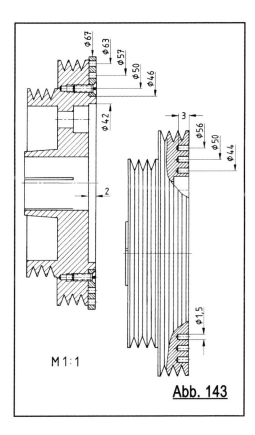

Abb. 143

eingebohrte Teilkreisringe für übliche Teilungen. In Verbindung mit einem gefederten Indexstift kann der Spindelstock so für einfache Teilarbeiten genutzt werden. Beim Beispiel von **Abb. 142** könnte man zumindest drei Teilkreisringe auf die Ø 44, 50 und 56 in die Stirnseite der großen Riemenscheibe bohren (**Abb. 143** rechts). Die Bohrungen haben einen Ø 1,5 und werden etwa 3 mm tief gebohrt. Für die drei Teilkreise schlage ich folgende Teilungen vor: Ø 56 bekommt die Teilung 60 (je 6°, Lochabstand 2,9307 mm), Ø 50 hat Teilung 50 (je 7,2°, Lochabstand 3,14 mm) und Ø 44 hat Teilung 36 (je 10°, Lochabstand 3,838 mm). Damit hat man für die meisten Teilarbeiten die Teilungen zur Verfügung. Wenn man diverse andere Teilungen benötigt, arbeitet man von vornherein mit auswechselbaren Masken. Das sind aus

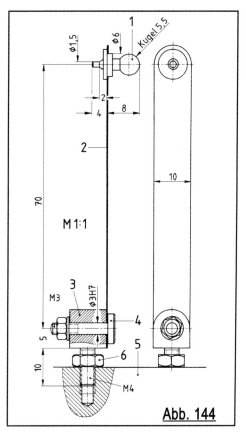

Abb. 144

Puk-Säge) bezeichnet. Auf diesem Klemmbund wird von drei M4-Inbus-Klemmschrauben (3) ein Klemmring (2) mit 4° schräg ausgedrehter Bohrung aufgezogen und somit die Riemenscheibe auf der Welle geklemmt. Beim Klemmen sind die drei Abdrückschrauben (4) vorerst weit genug herausgeschraubt. Erst wenn die Klemmung festgezogen ist, werden sie leicht angezogen. Beim Lösen des Klemmrings ist es umgekehrt, hier sind die Inbus-Schrauben gelöst. Ich habe in der **Abb. 142** absichtlich keine Maße angegeben, sie soll nur das Konstruktionsprinzip zeigen. In diesem Fall musste der Teilkreis-Durchmesser für die Klemmschrauben soweit nach außen gesetzt werden, damit man mit dem (gekürzten) Inbus-Schlüssel (a) die Schraubenköpfe erreicht.

Riemenscheiben von käuflichen Uhrmacherdrehmaschinen haben in den Stirnseiten

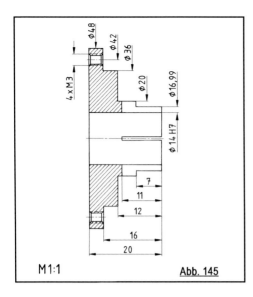

Abb. 145

2-mm-Blech gedrehte Teilscheiben, die mit drei bis vier M2-Senkschrauben auf einen angedrehten Absatz an der Riemenscheibe geschraubt werden (**Abb. 143** links). Der Außendurchmesser 67 kann sogar noch vergrößert werden, um mehr oder größere Teilungen unterzubringen. Zum Wechseln dieser Masken (Datenträgerscheiben von Großrechnern aus Alu!) wird die Riemenscheibe von der Arbeitsspindel genommen.

Einen gefederten Indexstift baut man nach **Abb. 144**. Federelement dieses Stiftarms ist ein Streifen von 10 mm breitem Federbronze-Blech (2). Die Höhenmaße in **Abb. 144** sind auf den Spindelstock von **Abb. 1** abgestimmt. Bei anderen Spindelstock-Bauformen müssen sie angepasst werden. Der Indexstift (1) soll in Höhe der Arbeitsspindel liegen und wird am oberen Ende des Federstreifens eingelötet. Sein 1,5-mm-Stift wird spielfrei in die Teilkreis-Bohrungen eingepasst. Zusätzlich wird das hintere Ende des Stifts 60° konisch angedreht. Der Fuß (3) wird aus einem 10-mm-Vierkantstab gedreht und mit der Kontermutter (6) auf dem Sockel (5) (8 in **Abb. 102** als Beispiel) eingestellt. Der Ø 3 der Klemmschraube (4) wird in die geriebenen Bohrungen des Blechstreifens und vom Fuß eingepasst. Bauen Sie eine modernere Variante eines Feder-Indexstiftes: dabei werden zwei Bronzeblech-Streifen parallel auf einen kleinen Abstand eingebaut. So schwenkt der Stift beim Ein- und Ausrasten nicht.

Für meine Maschine habe ich eine abnehmbare Teilscheiben-Nabe nach **Abb. 145** gedreht und geschlitzt. Zum Klemmen verwende ich den Klemmring von **Abb. 140**. Für den Anfang habe ich mir zwei Wechsel-Teilscheiben aus 4-mm-Alublech hergestellt. Ihr Außendurchmesser ist 100 mm. Die eine Teilscheibe hat einen 72er- und einen 40er-Teilkreis, eingebohrt mit einem 2-mm-Zentrierbohrer auf Teilkreisdurchmesser 94 und 84 mm (die 72er-Teilung natürlich außen) so tief, dass die Kegelsenkung 2,5 mm breit ist. Die zweite Teilscheibe hat 50er- und 28er-Teilungen. Erst als ich die beiden Scheiben fertig hatte, habe ich mich daran erinnert, dass ich seit längerer Zeit etliche Datenträgerscheiben von Großrechnern aus Alu in meinem „Materiallager" liegen habe. Ich habe zwei Größen: Ø 130×Ø 40×1,9 dick und Ø 95×Ø 25×1,3 dick. Beide sind bei entsprechender Konstruktion gut für Teilscheiben zu verwenden. Weil sie nicht sehr dick sind, würde ich die Teilungsbohrungen nur als leicht entgratete Durchgangslöcher bohren.

Bei RC-Machines kann man unter Best.-Nr. RCDP1 drei Teilscheiben kaufen, die gut für unseren Zweck geeignet erscheinen. Die Maße sind Ø 100×Ø 21×7 mm. Die eingebohrten Teilkreise haben die Teilungen: Scheibe A: 15 – 16 – 17 – 18 – 19 – 20, Scheibe B: 21 – 23 – 27 – 29 – 31 – 33, Scheibe C: 37 – 39 – 41 – 43 – 47 und 49. Notfalls dreht man die Bohrung noch etwas aus. Diese Scheiben sind auch gut für einen Eigenbau-Rundtisch zu verwenden.

Auf dem Außenrand meiner Teilscheiben bzw. an deren Kanten habe ich Markierungen für die gebräuchlichsten Teilungen: Vierkant, Sechskant, Achtkant angebracht. So muss man beim Gebrauch nicht zählen (und man kann sich nicht verzählen!) Aus Silberstahl habe

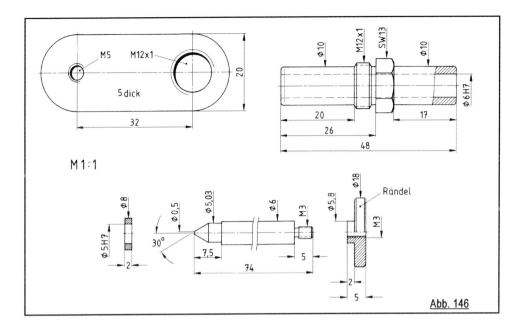

Abb. 146

ich dafür kleine Schlagstempel für Vier- und Sechskant (SW 1,8 mm) gefräst und gehärtet. Für die Achtkant-Teilung habe ich zusätzlich feine Kerben in die Teilscheibenkante gefeilt.

Die Einzelteile für den Indexhalter, den ich für meine Maschine gebaut habe, zeigt die **Abb. 146**. Er wurde mit einer M5-Schraube schräg stehend an der hinteren Alu-Platte meines Spindelstocks befestigt (**Fotos 4, 11, 39, 42, 52** und **55**). Nach Lösen der M5-Schraube kann er auf den jeweiligen Teilkreisdurchmesser der Teilscheibe eingestellt werden. Der 74 mm lange Index-Stift selbst ist aus 6-mm-Silberstahl, welcher spielfrei in der geriebenen Bohrung der 48 mm langen Buchse gleitet, gedreht. Die 60°-Spitze am Index-Stift muss in einer Spannzange angedreht werden. Den kleinen 8-mm-Ring habe ich heiß auf den Absatz des Index-Stifts aufgeschrumpft. Eine Druckfeder drückt die Spitze des Stifts in Richtung Teilscheibe.

Für meine neue Maschine habe ich mir einen 120-Watt-Motor mit Frequenz-Umrichter mit Digital-Anzeige als Drehzahlsteller geleistet. Der Motor ist ein so genannter Kurzschluss-Läufer ohne Kollektor. Diese Motoren soll man bevorzugen, weil die Kollektoren (Kohlebürsten) doch oft erhebliche Geräusche verursachen. Außerdem entfallen die Kohlebürsten als Verschleißteile. Der Fuß-Motor von „Bauknecht" mit der Typenbezeichnung RO.09/2-71 hat eigentlich eine Nenndrehzahl von 2.750 U/min. Durch den Frequenz-Umrichter lassen sich aber bis zu 6.000 U/min realisieren. Über einen Umschalter kann ich auch auf Linkslauf schalten. Den Motor und den passenden, programmierbaren Frequenz-Umrichter bekommt man bei Firma Weber (Händlerverzeichnis). Der Motor steht mit seinen vier Füßen auf Gummi-Metallelementen der Firma BWZ-Schwingungs-Technik (Händlerverzeichnis) auf einer Aluplatte der Schwenkhalterung. Durch die Schwingelemente können sich Laufgeräusche des Motors nicht auf Halterung/Grundplatte/Werkbank übertragen. Ich habe Schwingelemente des Typs A mit je zwei M4-Bolzen verwendet. Die Schwenkhalterung wird zur Einstellung der Riemenspannung mit einer einfachen M6-Spindel gegen die Grundplatte verstellt. Diese stelle ich nie zu stramm ein.

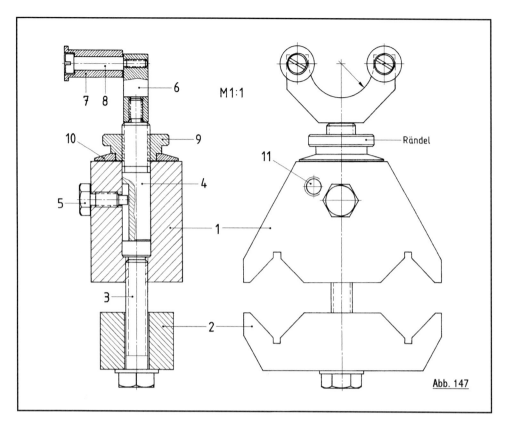

4.10. Feilrollen-Auflage

Als ich für meine andere Kleindrehmaschine die Schlagzahn-Einrichtung noch nicht hatte, war eine häufige Anwendung der Teileinrichtung auf meinem Drehstuhl die oft massenweise Herstellung von kleinen Sechskant-Schraubenköpfen. (vgl. dazu (1) Seite 66 bis 68, siehe Literaturhinweise). Für meinen neuen Drehstuhl wollte ich diese nützliche Vorrichtung auch haben. Von der vorhandenen Vorrichtung habe ich das Oberteil mit den beiden gehärteten Feilrollen wieder verwendet. Ich musste nur ein neues Unterteil (1 in **Abb. 147**), angepasst an die beiden Vierkant-Wangen, anfertigen (**Foto 54**). Und weil ich seit langem in meiner „Krabbelkiste" eine kleine Alu-Skalenscheibe (Ø 23) mit einer 100er-Teilung hatte, habe ich diese Scheibe (10) in den neuen Bau integriert. Im Elektronik-Bauteile-Handel bekommt man diese kleinen Scheiben als Skalenscheiben zu kaufen! Wegen der 100er-Teilung kann ich – strenggenommen – z. B. die Schlüsselweiten von anzufeilenden Sechskantköpfen auf 2/100 mm genau bestimmen – welche übertriebene Genauigkeit! Das (1) hat von

Foto 54: Die fertige Feilrollen-Auflage. Es ist ersichtlich, dass alle Wangen-V-Nuten einen Freistich haben

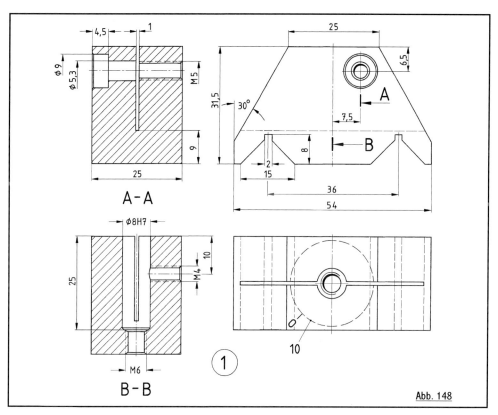

Abb. 148

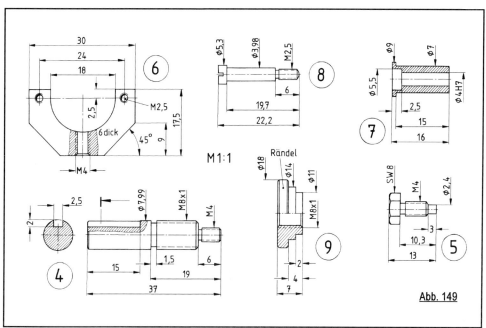

Abb. 149

Foto 55: Der Spindelstock als Teilgerät mit aufgebauter Feilrollen-Auflage. Der Index-Stift ist auf den äußeren Teilkreis eingerichtet; der Riemen vom Motor genommen

unten her für die Wangen-Klemmschraube (3) eine M6-Bohrung. Oben ist diese senkrechte Bohrung 25 mm tief auf Ø 8H7 aufgeweitet. Darin steckt eine kurze Hubspindel (4). Damit sich diese nicht verdrehen kann, ist von vorn eine Stiftschraube (5) eingedreht, dessen Stift in eine Längsnut der (4) sticht. Die (4) hat am oberen Ende ein M8×1-Feingewinde und ganz oben einen M4-Gewindezapfen. Mit der auf einen Absatz der Höhenmutter (9) aufgeklebten Skalenscheibe (10 mit 10er- oder 100er-Teilung) ist kontrolliertes Höheneinstellen der Gabel (6) mit den beiden aus Silberstahl gedrehten und gehärteten Feilrollen (7) möglich. Die (7) lagern leichtgängig auf Ansatzschrauben (8), die ich aus Messing gedreht habe. Zum Klemmen der Vorrichtung auf den Wangen benutze ich die Klemmplatte (2) vom Setzstock (vgl. **Foto 57**). Auf die obere Fläche des Unterteils macht man in günstiger Blickrichtung einen Null-Strich. Den ehemaligen Klemmring habe ich weggelassen, dafür das Unterteil zum Klemmen mit einer M5-Inbus-Schraube (11) versehen und geschlitzt. **Abb. 148** und **149** zeigen die Einzelteile der Vorrichtung und das **Foto 55** zeigt die Feilrollen beim Einsatz. Die (6) hatte ich seinerzeit als Drehteil gefertigt. Dabei wird die Breite 30 zum Ø 30. Bevor man die 2,5 mm breite Längsnut in (4) fräst, muss die (6) fest aufgeschraubt werden. So kann man die richtige Lage für die Nut festlegen, denn die (6) soll rechtwinklig zur Arbeitsspindel-Achse stehen. Der Ø 11 und die Absatzlänge an (9) entsprach meiner Skalenscheibe. Diese Maße muss man für eine andere Scheibe gegebenenfalls ändern oder man macht die (9) und die Skalenscheibe gleich als ein Teil und stößt eine 10er-Teilung selbst auf. Das ist ja kein Problem.

4.11. Spindelarretierung

Für den Normalbetrieb genügt es zum Lösen (und Festziehen) der Spannzangen in der Arbeitsspindel, dass man diese mit der rechten Hand an der Riemenscheibe hält und mit der anderen Hand am Alurad des Anzugrohres dreht. Man soll den Anzug des M8×1-Feingewindes der Spannzangen usw. keinesfalls mit einem Verlängerungshebel oder Ähnlichem überlasten. Versieht man den Spindelkopf mit einem Außen-Feingewinde (**Abb. 23**), muss man vor allem für das Lösen des Futter-Flanschs die Spindel arretieren können. In **Abb. 20** wurde die Möglichkeit mit der Buchse in einer angehängten Platte bereits angedeutet. Die Buchse soll so weit nach innen reichen, dass sie die Arbeitsspindel fast erreicht. Zum Einstecken dreht man sich einen passenden Arretierstift.

4.12. Setzstock

Mit dem Setzstock ist es ähnlich wie mit der Planscheibe: Er wird sehr wenig gebraucht, aber schmerzlich vermisst, wenn er mal nötig wird (**Foto 56**). Bei Setzstöcken von großen Drehmaschinen ist das Oberteil für das Einlegen des Werkstücks in der Regel aufklappbar. Diese Konstruktion ist für unseren Mini-Eigenbausetzstock erstens zu kompliziert und zweitens nicht nötig. Seit Jahrzehnten benutze ich einen Eigenbausetzstock in vereinfachter Ausführung.

Er besteht im Prinzip aus einem geteilten Ring und die Setzstockbacken werden

Foto 56: Aufgebauter Setzstock zur Zentrierung einer 8-mm-Silberstahl-Welle

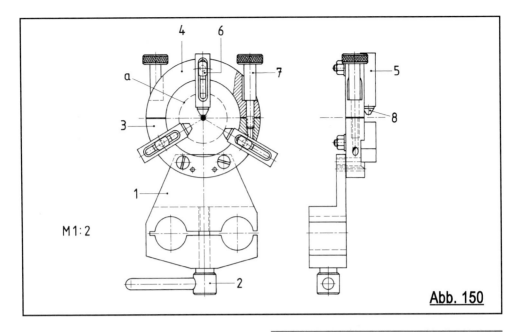

Abb. 150

nicht mittels Gewindespindeln an das Werkstück herangeschoben, sondern sind einfache Vierkantstücke, die in flachen Führungen des Rings von Hand verschoben werden. In **Abb. 150** finden Sie die Zusammenstellungs-Zeichnung für unseren Setzstock. Das Fußteil (1) kann aus Alu gefertigt werden. Es ist hier willkürlich für zwei Rundwangen ausgeführt und die Klemmung entspricht der **Abb. 99**. Weil die Wangenführung hier weniger genau sein muss, ist ein Bau nach **Abb. 98** mit dem relativ einfachen Einstechen der vier Rundungen zu empfehlen. Ausführungen für andere Wangenformen sind entsprechend anzupassen. Für meinen Neubau-Setzstock benötigte ich eine Alu-Klemmplatte (**Foto 57**). Das Gewindestück der Knebelschraube (2) muss lang genug sein, damit sich das Gewinde bei häufiger Bedienung nicht abnutzt. Auch der geteilte Ring (3, 4) kann aus Alu gemacht werden. Nur weil ich gerade einen passenden Ring aus Messing im Haus hatte, habe ich den geteilten Ring aus diesem Material gemacht. Die Backen (5) stellt man aus Abschnitten von 8-mm-Quadratstäben aus Automatenstahl oder Messing her und die Klemmschrauben

Foto 57: Der fertige Setzstock. Die Klemmplatte links kommt von der Feilrollen-Auflage

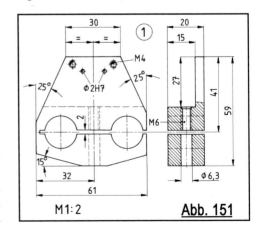

Abb. 151

(6) und die Passschrauben (7) dreht man aus Automatenstahl. Die eigentlichen Gleitbacken (8) sind gedrehte Kupferstücke. In meiner Abbildung ist die obere Backe so gestellt, dass der kleinste Werkstückdurchmesser erreicht wird. Die rechte Backe ist ganz nach außen geschoben. Dabei ergibt sich ein größter Durchmesser des Werkstücks (a) von etwa 26 mm.

Wenden wir uns nun der Herstellung der wenigen Teile zu. Zum Fußteil (**Abb. 151**) ist zu sagen, dass das Maß 41 bei Verwendung einer Rundwange auf 44 zu ändern wäre. Die Klemmung könnte dabei mit waagerechter oder senkrechter Schlitzung erfolgen. Die Passbohrungen Ø 2H7 und die M4-Bohrungen werden vom unteren Ringteil (3) später abgebohrt.

Interessant ist die richtige Herstellung des geteilten Rings (vgl. **Abb. 151a**). Zuerst wird ein Ring Ø 62×Ø 38×10 gedreht und abgestochen. Mit einem Zentrierwinkel wird an einer Planfläche der Mittenanriss angezeichnet. Hier sägt man den Ring mit einer Metall-Laubsäge mit möglichst senkrechtem Schnitt auseinander. Mit den Sägeflächen nach oben werden die Hälften nacheinander so im Maschinen-Schraubstock gespannt, dass die Sägeflächen gleich weit ausragen. Sie werden sehr sparsam zu einer durchgehenden Fläche überfräst. Danach wird die

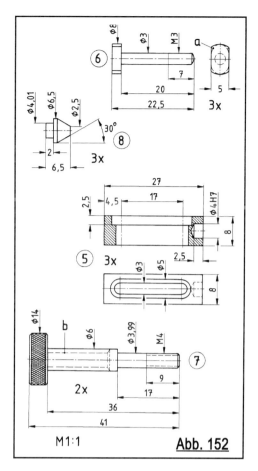

Abb. 152

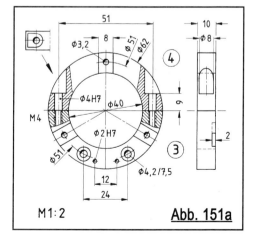

Abb. 151a

obere Ringhälfte (4) mit der Rundung nach oben im Maschinen-Schraubstock gespannt. Nur 8 mm stecken dabei in den Schraubstockbacken. Ein 8-mm-Fingerfräser wird auf die Mitte der Ringbreite ausgerichtet. So kann in Schritten die „Kopfsenkung" (ähnlich **Abb. 123** links/oben) bis zum Mittenmaß 51 von oben her eingestochen werden. Man sticht dabei nur so tief, dass das Maß 9 erreicht wird. Ist die Mittenstellung (bei 51 mm) an jeder Seite erreicht, wird auf einen Zentrierbohrer gewechselt und bei jeder Stufen-Ausfräsung eine Zentrierbohrung eingebracht (Die Anfahrrichtungen jeweils von außen nach innen). In gleicher Stellung wird bis Ø 3,8 vorgebohrt (Unterlagen vorher herausziehen!) und 4H7 aufgerieben.

Nach dem Entgraten der unteren 4-mm-Bohrungskante werden beide Ringhälften in einem Bank-Schraubstock zusammengefügt und gegeneinander ausgerichtet gespannt. Damit beide Ringhälften im Schraubstock gut gehalten werden, spannt man beidseitig Pappstücke mit. Jetzt können die beiden 4H7-Paßbohrungen mit einem Zentrierkörner auf die untere Ringhälfte (3) übertragen werden. Notfalls bohrt man mit einem 4-mm-Wendelbohrer an, nicht durch! Mit einem 3,2-mm-Bohrer werden die Kernloch-Bohrungen im Maschinen-Schraubstock nur 11 mm tief eingebohrt und nach der Gewindesenkung die M4-Gewinde gebohrt.

Zwei provisorische Passschrauben werden gedreht. Sie entsprechen den späteren langen Passschrauben (7 in **Abb. 152**), haben aber anstelle des langen 6-mm-Teils nur einen 3 mm hohen Ø 6-Zylinderkopf. Mit diesen Schrauben werden die beiden Ringhälften verbunden. Jetzt haben wir wieder einen Ring, der im Backenfutter gespannt werden kann. Die Außen- (Ø 62) und Innen-Durchmesser (Ø 40) werden fertiggedreht und es werden leichte Fasen angestochen.

Die Ringhälften bleiben zusammen, damit die restlichen Fräs- und Bohrarbeiten im Senkrecht-Teilgerät ausgeführt werden können. Die Ring-Naht wird so ausgerichtet, dass sie querab zur Richtung der oberen Backen-Nut steht. Alle drei Nuten werden mit einem 8-mm-Fingerfräser um 120° versetzt und jeweils 2 mm tief eingefräst. Das macht man nur mit geringsten Spandurchgängen (ich rede von 0,2 mm Spantiefe!), damit der Fräser nicht oder kaum seitlich „ausbricht". Mit dem schon bereitliegendem 8-mm-Vierkantmaterial für die Backen kann man prüfen, ob die Nuten breit genug sind. Ganz besonders wichtig ist, dass jede Nut-Mitte auf das Zentrum des Rings ausgerichtet ist. Wenn die jeweilige Nut fertig ist, wird auf einen Zentrierbohrer gewechselt und beim Teilkreis-Ø 51 eine Zentrierbohrung gebohrt. Somit haben wir auf einfache Weise die Gewähr, dass die 3,2-mm-Bohrung für die Klemmschraube in der Mitte der Nut sitzt.

Ebenfalls auf den Teilkreis-Ø 51, aber 24 mm voneinander entfernt, werden zwei Zentrierbohrungen für die M4-Senkkopf-Schrauben gebohrt. Diese werden 4,2 mm durchgebohrt und an der Vorderseite mit einem 90°-Senker auf Ø 7,5 aufgesenkt. Die beiden Bohrungen für die 2-mm-Zylinderstifte werden vorerst nur gekörnt. Als nächstes

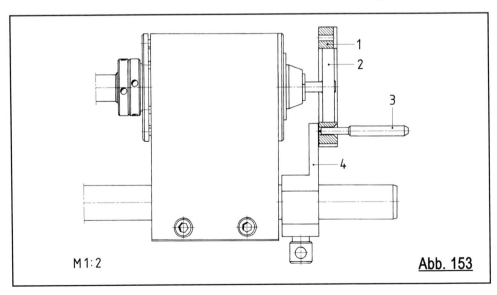

Abb. 153

Foto 58: Zentrierkörnen gemäß Abb. 153. Eine Schraubklemme hält den Ring am Grundkörper fest

werden die beiden 4,2-mm-Bohrungen für die Halteschrauben auf das Fußteil übertragen. Auch das macht man wieder am genauesten mit einem 4,2-mm-Zentrierkörner. (Ich habe schon des Öfteren von diesen Spezialkörnern gesprochen. In (7) Seite 91 (siehe Literaturhinweise) habe ich die Herstellung eines Zentrierkörner-Satzes beschrieben. Ich kann dies nur jedem ernsthaften Modellbauer und technischen Bastler empfehlen.) Um den Ring dabei richtig zu zentrieren, muss man wieder ein einfaches Hilfsteil anfertigen. Eine Messing- oder Stahlscheibe von etwa 5 bis 8 mm Dicke und einem Außendurchmesser von 40,5 mm erhält eine geriebene 5-mm-Mittenbohrung. Hier wird ein 25 mm langer Abschnitt 5-mm-Ms-Rundmaterial einseitig ausragend eingelötet. Dieses Teil wird in der 5-mm-Spannzange des Drehstuhls gespannt, zentriert und die mitlaufende Spitze dagegen gesetzt. Ist das geschehen, wird der Ø 40,5 soweit auf Ø 40 abgedreht, bis unser Ring spielfrei darauf passt. Nun wird der Setzstock aufgebaut, der Ring, vom Hilfsteil zentriert gehalten, gegen seine Planfläche gedrückt und die erste 4,2-mm-Bohrung übertragen. Klingt wieder alles furchtbar kompliziert; **Abb. 153** und das **Foto 58** zeigen, wie einfach das aber

im Grunde ist. Nach dem Bohren des ersten M4-Gewindes in das Fußteil wird alles nach **Abb. 153** wieder aufgebaut (das Hilfsteil blieb in der Zange), die erste M4-Senkschraube angezogen und die zweite 4,2-mm-Bohrung übertragen. Weil die Senkschrauben eigentlich schon eine gute Zentrierwirkung haben, kann unter Umständen auf die 2-mm-Verstiftung verzichtet werden.

Die Backen (5) fertigt man aus 8-mm-Vierkant-Material nach den Maßen von **Abb. 152**. An einer Seite wird jeweils im Vierbackenfutter (alternativ: ausgedrehte Klemmbuchse (2) **Abb. 169**) eine 4H7-Bohrung 2,5 mm tief gerieben. Hier werden die Kupfer-Gleitbacken (8) eingepresst (alternativ: eingelötet). Bei den M3-Klemmschrauben kann man die Köpfe nach dem Anfräsen der 5-mm-Schlüsselflächen verrunden (a). Damit vergrößert sich etwas der Verschiebebereich der Backen. Bei den Passschrauben (7) soll der obere Teil des Gewindezapfens spielfrei in die geriebenen Bohrungen des Rings passen (Ø 3,99). Für ein besseres Aussehen kann man den Schrauben eine „Taille" (b) einstechen. Und wer keinen Rändelapparat hat, lötet einen ausgedrehten Ring von einer beliebigen Rändelmutter auf die Schraube. Weil ich keinen Rändel-Apparat habe, bekamen die Passschrauben bei mir 5-mm-Vierkantköpfe (entsprechend denen am Stahlhalter). So kann ich nun auch den Steckschlüssel dafür verwenden.

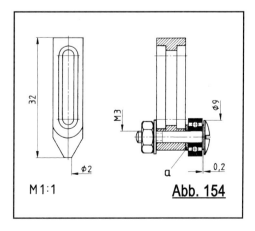

Abb. 154

Noch zwei Alternativen zu den Backen als bedenkenswerte Vorschläge: Nach **Abb. 154** links fertigt man die Backen mit den angedrehten 60°-Spitzen ganz aus 8-mm-Kupfer-Vierkantmaterial oder mit angesetzten Rillen-Kugellagern vom Typ 623 (Ø 10×Ø 3×4). Damit man diese Kugellager notfalls auch „nach innen" nehmen kann, werden 5 mm breite Kopf-Nuten an beiden Seiten der Backen eingefräst. Die selbstgedrehten M3-Halteschrauben bekommen gerundete Köpfe mit 9 mm Durchmesser. Diese verhindern weitgehend, dass Späne in die Lager eindringen können. Damit der Außenring frei laufen kann, erhält der Kopf einen 0,1 oder 0,2 mm hohen Ø 7-Bund angedreht und zwischen Innenring und der Vierkantbacke liegt jeweils eine Unterlegscheibe (a) von ebenfalls 7 mm Außendurchmesser. Diese Scheibe sollte so dünn wie möglich sein.

4.13. Hebel-Kreuzsupport

Wenn man absehen kann, dass auf der kleinen Maschine oft Massenteile herzustellen sind, lohnt der Bau eines Hebel-Kreuzsupports. Das kann soweit gehen, dass man auf den Bau eines Kreuzsupports mit Kurbelantrieb ganz verzichtet. Es gibt grundsätzlich zwei Möglichkeiten: Entweder man baut den gesamten Kreuzsupport mit allen Teilen neu oder man wechselt jedes Mal die Schlitten des normalen Kurbel-Kreuzsupports gegen neu zu bauende aus.

Die **Abb. 155** zeigt ihn zum allgemeinen Verständnis mit den wichtigsten Teilen. An die runde, 5 mm hohe Kante der Drehplatte (**Abb. 76**) wird mit 2,5-mm-Schrauben ein Tragarm (1) befestigt und sicherheitshalber weich angelötet. Am rechten Ende dieses Arms steht als Festpunkt ein Bolzen für den Obersupport-Hebel (4). Über eine Zugstange (3) wird die schwenkende Bewegung des Hebels in eine geradlinige des Schlittens gewandelt. Die Zugstange zieht über eine etwas

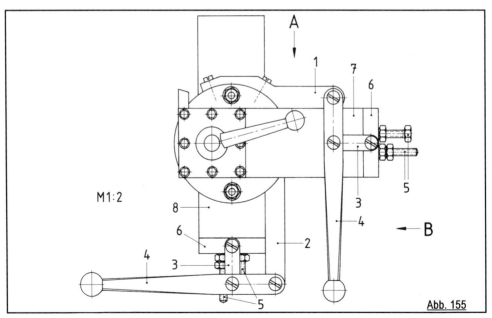

Abb. 155

1: Tragarm (Obersupport), 2: Tragarm (Quersupport), 3: Zug- bzw. Schubstange, 4: Handhebel, 5: Einstellschrauben, 6: Stirnplatten, 7: Obersupport-Schlitten, 8: Quersupport-Schlitten, 9: Werkstück

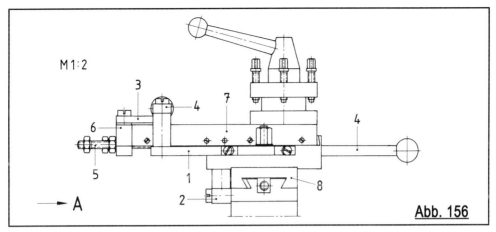

1: Tragarm (Obersupport), **2**: Tragarm (Quersupport), **3**: Zug- bzw. Schubstange, **4**: Handhebel, **5**: Einstellschrauben, **6**: Stirnplatten, **7**: Obersupport-Schlitten, **8**: Quersupport-Schlitten, **9**: Werkstück

dickere Stirnplatte (6) den Schlitten. Diese Platte hat für zwei Einstellschrauben (5) eine M4- und eine 4-mm-Durchgangs-Bohrung. Ähnlich sind die Veränderungen am Quersupport. Hier wird der Tragarm (2) an der rechten Seite der Quersupport-Grundkörpers befestigt.

Damit man auch andere Durchmesserbereiche mit dem Drehstahl erreichen kann, ist dieser Tragarm durch ein Langloch versetzbar. Der übrige Aufbau ist gleich. Der Obersupport-Schlitten (7) kann beim Hebel-Kreuzsupport etwas kürzer, nur 100 anstatt 125 mm, sein.

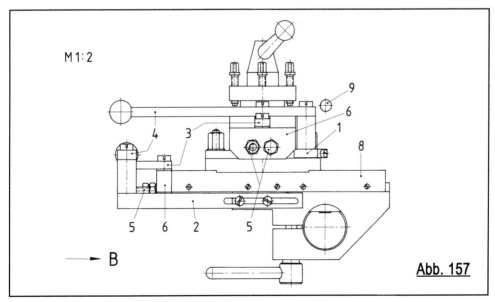

1: Tragarm (Obersupport), **2**: Tragarm (Quersupport), **3**: Zug- bzw. Schubstange, **4**: Handhebel, **5**: Einstellschrauben, **6**: Stirnplatten, **7**: Obersupport-Schlitten, **8**: Quersupport-Schlitten, **9**: Werkstück

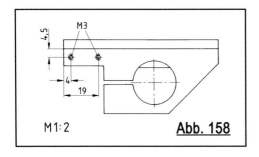

Abb. 158

Die Länge des Quersupport-Schlittens (8) ändert sich gegenüber **Abb. 62** nicht. Außerdem ist zu erwähnen, dass die Klinkenrastung für den Vierstahlhalter beim Obersupport-Schlitten des Hebel-Kreuzsupports wegfallen kann; sie ist hier kaum nötig. Das Teil (3) sollte man beim Quersupport besser Schubstange nennen. In **Abb. 156** und **Abb. 157** sehen wir die Ansichten A und B. Wir erkennen einen Abstand zwischen dem Schlitten (7) und der Zugstange (3). Diesen Abstand bewirkt eine (selbstgedrehte) Unterlegscheibe (Ø 10×Ø 5×1) zwischen den Teilen (3) und (6). Auch zwischen den Handhebeln und den Zugstangen liegen solche Scheiben. Die Dicke von 1 mm soll genau eingehalten werden, damit die „Höhenrechnung" stimmt.

Der Quersupport-Grundkörper erhält an der rechten Seite nach **Abb. 158** zwei M3-Sackloch-Bohrungen (Kernloch-Bohrungen 15 tief). Man könnte auch stabileres M4 verwenden. In dem Fall muss jedoch das Langloch im Tragarm (**Abb. 159** unten) 4 mm breit gefräst werden. Damit die Schraubenköpfe eine gute Anlage haben, sollten ausreichend große Unterlegscheiben untergelegt werden (a in **Abb. 159**). Dargestellt ist in **Abb. 158** der Grundkörper für eine Rundwange. Bei den anderen Varianten kommen diese Bohrungen an die gleichen Stellen. Der Tragarm (2) wird aus einem Messingstab 10×10 mm angefertigt. Durch das 38 mm messende Langloch kann der Bewegungsbereich des Hebels vom Quersupport vor-eingestellt werden. Beim Obersupport geschieht das Gleiche durch Versetzen des gesamten Kreuzsupports auf der Wange. Damit das rechte Ende nicht vorzeitig die Wange berührt, habe ich eine 45°-Fase angegeben. Die 0,5-mm-Stufe ist nötig, damit der Schlitten frei fährt. Den Bolzen kann

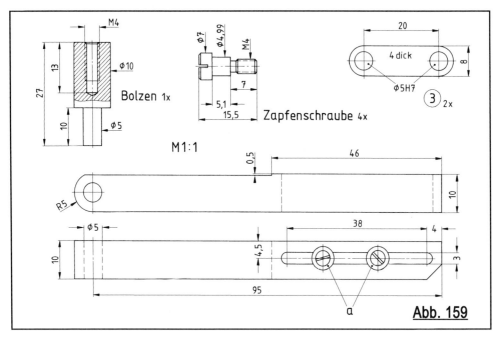

Abb. 159

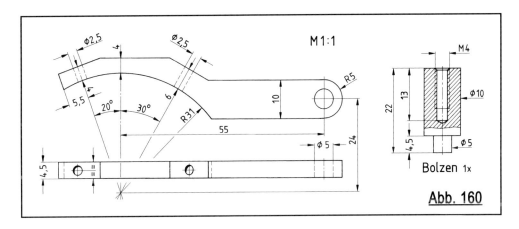

Abb. 160

man ebenfalls aus Messing drehen und in den Tragarm einlöten. Danach soll als Fortsetzung der 0,5-mm-Stufe eine Abflachung an diesen angefräst werden. Die Gewindesenkungen für die M4-Innengewinde sollen nicht größer als Ø 4 ausfallen! Die Zugstangen macht man aus 8×4-mm-Profilstücken; die Bohrungen werden 5H7 gerieben. In diese Bohrungen werden die Zapfen der Zapfenschrauben leichtgängig eingepasst.

In **Abb. 160** sind der Tragarm für den Obersupport und der zugehörige Bolzen dargestellt. Die Rundung mit dem R31 soll am Rand des Obersupport-Grundkörpers anliegen. Ich würde diese Rundung entweder auf der Planscheibe andrehen (gegenüberliegend ein Materialstück zum Messen mit spannen!) oder auf dem Rundtisch anfräsen. Auch hier kann man für richtiges Messen ein Materialstück mit auf dem Tisch spannen. Danach würde man die übrige Kontur mit den 20°- und 30°-Schrägen fräsen und die 2,5-mm-Bohrungen für die Halteschrauben mittig bohren. Ich würde den Arm nach der Montage (2,5-mm-Zentrierkörner) an den Grundkörper weich anlöten. Auch hier muss vielleicht für ein Freifahren des Schlittens eine Fläche angefräst werden. Und für den Fall, dass die Einstell-Madenschrauben ausragen, muss unter Umständen eine Nut gefräst werden.

Die beiden Handhebel werden nach **Abb. 161** aus Profilstücken 10×5 mm gedreht. Dazu wird das Ende mit dem M4-Zapfen mit einer kleinen, genau mittig liegenden Zentrierbohrung versehen. Nun kann man das andere Ende in einer ausgedrehten Klemmbuchse (Innendurchmesser 11,1 mm) spannen, die mitlaufende Spitze gegensetzen und Gewindezapfen sowie den schlanken Konus (Obersupport-Verstellung 2°) andrehen. Auf

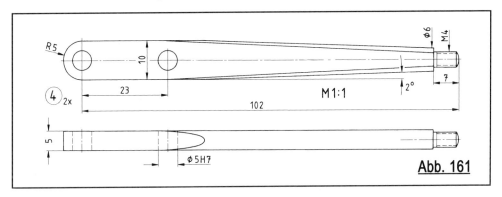

Abb. 161

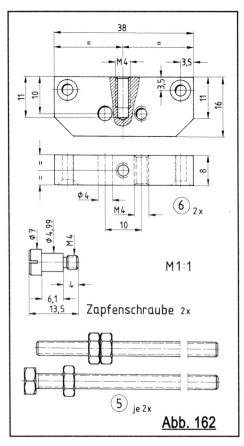

Abb. 162

den M4-Zapfen dreht man kleine Kugelgriffe. Falls sich beim Gebrauch des Hebel-Kreuzsupports herausstellt, dass diese Hebel nicht feinfühlig genug, also zu kurz sind, sollte man etwas längere anfertigen oder anstelle der Kugeln lange Griffe aufschrauben.

In **Abb. 162** ist oben eine der beiden gleichen Stirnplatten gezeichnet. Die beiden Befestigungsbohrungen mit 90°-Kopfsenkungen sind die gleichen wie bei **Abb. 68**; die Verstiftung kann bei Senkkopf-Schrauben entfallen. Auch hier soll beim mittigen M4-Gewinde die Senkung nur 4 mm betragen, damit die Zapfenschraube eine gute Anlage hat. Die linken Bohrungen Ø 4 werden als Kernloch-Bohrungen in die Ober- bzw. Quersupport-Grundkörper abgebohrt und dort kurze M4-Innengewinde geschnitten. Die beiden Zapfenschrauben dienen als Gelenkverbindung zwischen Hebel (4) und Zugstangen (3). Wenn man das Maß 6,1 und die Dicke der Unterlegscheibe einhält, genügt 0,1 mm als leichtgängiges Spiel der Teile. (5) sind die beiden (insgesamt vier) Einstellschrauben als

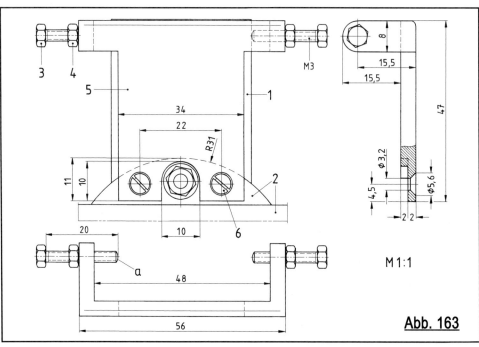

Abb. 163

Foto 59: Die R31-Rundung wird an die Unterseite des Justierarms gefräst (vgl. Abb. 163). Auf der anderen Seite ist ein kleiner Alu-Klotz zum sinnvollen Messen mit gespannt

Wegbegrenzung der Schlittenfahrwege. Man kann sie aus den käuflichen, 1 Meter langen Gewindestäben anfertigen. Mit den Kontermuttern werden die Maße für die Drehteile bei Drehversuchen eingestellt. Ich erinnere mich, daß ich während meiner Berufstätigkeit Kleinserien von Drehteilen stets mit dem Hebel-Kreuzsupport hergestellt habe. Einmal eingestellt, wird ein Teil wie das andere – und völlig ohne zu messen.

4.14. Obersupport-Justierung

Alle Lang-Dreharbeiten werden auf unserer Maschine nicht durch Fahrt mit dem Bettschlitten, sondern nur mit dem Obersupport ausgeführt. Für exaktes zylindrisches Drehen muss er bei Drehversuchen stets gut eingerichtet werden. Diese Einrichtung muss man auch nach jeder Verstellung für das Kegeldrehen neu ausführen. Das kann mitunter zeitaufwendig sein, denn ein leichter Schlag zuviel und schon haben wir einen Konus „nach der anderen Seite". Ich habe deshalb viel über

◄ **Foto 60: Im Foto einige Spannmittel, der Justierarm und die Mitlauf-Spitze**

dieses Problem nachgedacht. Eine Lösung ist das Verstiften des Obersupports, wie ich es in (1) Seite 47 (siehe Literaturhinweise) vorgeschlagen und bei meiner Tischdrehmaschine seit Jahren installiert habe. Den in diesem Buch bei Foto 11 gezeigten, nachträglich angebauten Stiftträger würde ich heute länger machen.

Ich möchte hier zu einer anderen Variante anregen. Mit der Obersupport-Justierung kann man beides tun: den Obersupport sehr gefühlvoll für zylindrisches Drehen aber auch für das Drehen von schlanken Kegeln (Beispiel: Kanonenrohre!) einrichten. Beides selbstverständlich bei Drehversuchen. Die Vorrichtung ist relativ einfach und schnell gebaut. **Abb. 163** zeigt den Justierarm (5), der aus Automatenstahl gefräst wird. Mit zwei M3-Senkkopf-Schrauben (6) wird er am Rand des Obersupport-Grundkörpers (2) angeschraubt. Am hinteren Ende wird mit zwei 20 mm langen M3-Einstellschrauben (3), welche mit Kontermuttern (4) gekontert werden, der gesamte Obersupport gegen die Seitenflächen des Quersupport-Schlittens (1) eingestellt. In der Abbildung sind wieder die wesentlichsten Maße angegeben. Der Justierarm ist in der Mitte 4 mm dick. Am vorderen Ende wird unten eine 2 mm tiefe Rundung (R31) 11 mm lang auf dem Rundtisch eingefräst **(Foto 59)** oder auf der Planscheibe eingedreht. Für die M4-Obersupport-Klemm-Mutter und deren Unterlegscheibe wird ein 10 mm breiter Freiraum 10 mm tief eingestochen. Die Stirn der Einstellschrauben rundet man (a). Das **Foto 60** zeigt den angebauten Justierarm und darunter die Quersupport-Abdeckung aus dem nächsten Abschnitt.

4.15. Quersupport-Abdeckung

Schon bei den ersten Dreharbeiten auf der Maschine hat mir nicht gefallen, dass die meiste Zeit der hintere Bereich der Schwalbenschwanz-Führung des Quersupports frei liegt. Feinste Späne fallen auf die waagerechten Gleitflächen und können sich mit gefährlichen Folgen in die Spalten klemmen. Schnell habe ich mich dazu entschlossen, eine Abdeckung für diesen sensiblen Bereich aus einem Alublock zu fräsen. **Abb. 164** zeigt die Maßzeichnung, in der wegen der Deutlichkeit nicht alle Maße genau maßstäblich dargestellt sind. Für die Einstellschrauben der eben besprochenen Obersupport-Justierung musste

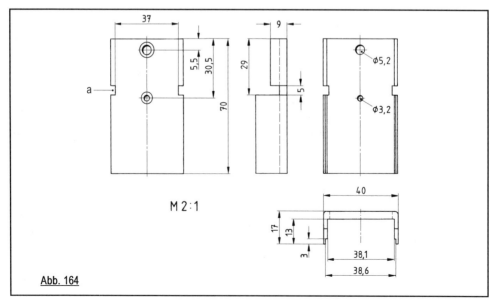

Abb. 164

ich zwei seitliche Nuten (a) einfräsen. Wer die Justierung nicht angefertigt hat, kann auf diese Nuten verzichten. Befestigt habe ich die überragende Platte „vorn" an der Bohrung, die einst zur Befestigung für das Einstechen der T-Nut-Teile nötig war. Die Bohrung wurde auf Ø 4,3 aufgebohrt und M5×0,5 eingeschnitten (dazu M5×0,5-Senkkopf-Schraube anfertigen). Zusätzlich wird die Abdeckung „hinten" von einer M3-Schraube gehalten. Die Bohrungen erhalten 90°-Senkungen für Senkkopf-Schrauben. Die knapp 1 mm breiten, seitlich herabhängenden „Schürzen" lassen sich nicht vernünftig fräsen, wenn man zuerst auf die volle Einfrästiefe von 13 mm (bzw. 3 mm) geht. In dem Fall würden sich die immer dünner werdenden Seitenwände wegbiegen und konisch erscheinen. Man macht es anders: Zuerst geht man vielleicht nur 1 mm tief auf die Nutbreite 38,6 mm. Diesen seitlichen Versatz lässt man stehen und fräst dann ebenfalls nur in Spuren von jeweils 1 mm tiefer. Seit ich diese Abdeckung auf dem Support habe, drehe ich mit wesentlich ruhigerem Gewissen. Wenn man auf diese Abdeckung ganz verzichten will, muss man den Quersupport-Schlitten insgesamt etwa 30 bis 40 mm länger machen!

4.16. Steckbrett

Für den Spannzangensatz habe ich ein Steckbrett gebaut. Die Spanplatte ist 250×70×16 mm groß **(Foto 61)**. Darauf wurde mit acht Holzschrauben ein 0,6-mm-Messingblech befestigt. Danach konnten drei Reihen 8-mm-Bohrungen (Bohrungsabstände je 20 mm) mit einem 8-mm-Fingerfräser auf jeweils 13 mm Tiefe eingestochen werden. Nachdem der Fingerfräser jeweils das Ms-Blech durchstochen hatte, musste die (Fräs-)-Maschine noch einmal gestoppt werden und die dünne Blechscheibe von den Stirnzähnen entfernt werden. Nach dem Einbohren habe ich das Ms-Blech noch einmal angeschraubt, damit auch von dessen Unterseite der Grat entfernt werden konnte.

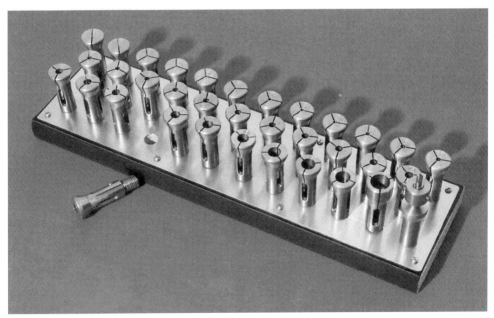

Foto 61: Der neue Satz Spannzangen. Rechts vorn die lange 10-mm-Spannzange (Abb. 115) und der „Zentrierdorn" nach Abb. 114. An allen Zangen sieht man die „3-mm-Vorschlitzung"

5. Die Kleindrehmaschine

Von meiner Kleindrehmaschine, die ich bereits zu DDR-Zeiten selbst konstruiert und gebaut habe, gibt es inzwischen einen kompletten Bauplan mit allen Einzelteilzeichnungen und einer zehnseitigen, ausführlichen Bauanleitung (Eichardt-Modellplan-Archiv, siehe Händlerverzeichnis). An dieser Stelle möchte ich nur einige Schnitt-Zeichnungen aus diesem Plansatz als konstruktive Anregungen in Verkleinerung beigeben (**Abb. 165, 166, 167** und **168**). Man erkennt bei den meisten Elementen die Gleichartigkeit der bewährten Konstruktionen. Lediglich der Reitstock hat einen Kurbelantrieb (M10-Linksgewinde!). Die Arbeitsspindel hat auf dem Spindelkopf ein Feingewinde. Mit einer Überwurfmutter können so Druck-Spannzangen (Teil des Plans) vom Ø 2 bis Ø 11 in 0,5-mm-Stufungen verwendet werden. In der Arbeitsspindel kann ein Innenanschlag eingebaut werden.

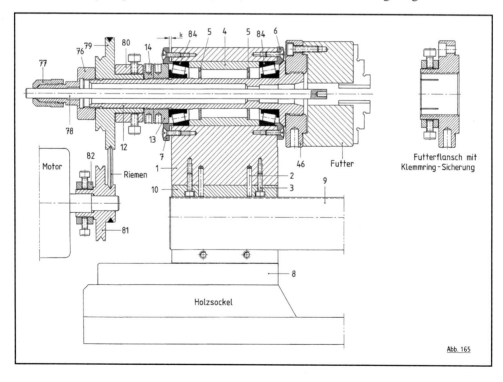

Abb. 165

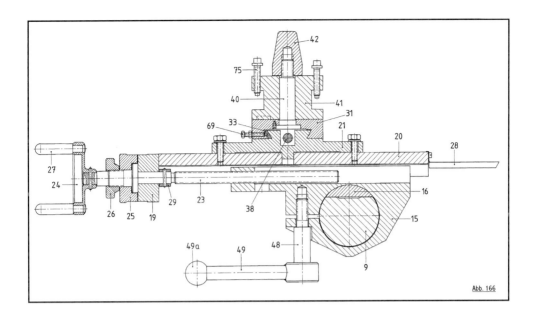

Abb. 166

Die Wange ist rund mit angearbeiteter Fläche. Der Verfahrweg des Obersupport-Schlittens ist ausreichend groß. Die Supportspindeln haben Feingewinde M8×1. Als Antrieb dienen ein Spezial-Keilriemen und ein drehzahlgeregelter 700-Watt-Motor. Bei **Abb. 102** und **103** bin ich bereits auf eine besondere Bauweise eingegangen.

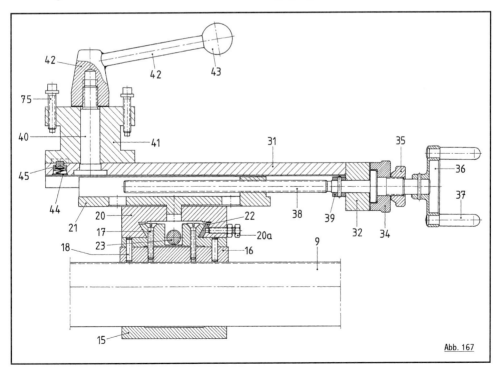

Abb. 167

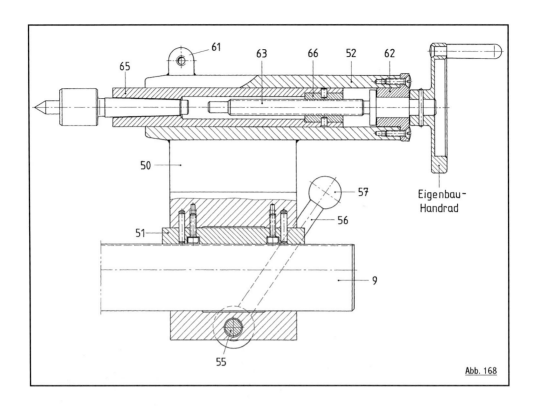

Abb. 168

6. Maschinen von anderen Hobbyisten

In diesem Abschnitt möchte ich Eigenbau-Realisierungen von anderen Hobby-Freunden in alphabetischer Reihenfolge kurz vorstellen. Wolfgang Anthonj und Ekkehard Schuhmann haben in einer schönen Gemeinschaftsaktion einen völligen Eigenbau auf die Beine gestellt (**Fotos 62, 63, 64** und **65**). Die Maschine hat als Arbeitsspindel-Lagerung zwei gegeneinandergesetzte Kegelrollenlager. Weil das Ausspindeln der Passung für die beiden Lager-Außenringe offenbar etwas zu groß geraten war, haben sich die beiden entschlossen, den Alublock des Spindelstocks in Höhe der Arbeitsspindel an der Rückseite zu schlitzen und so die Lager ebenfalls zu klemmen. Als Wangen sind zwei Silberstahl-Rundstäbe geklemmt im Spindelstock eingebaut. Beim Quersupport- und Reitstock-Grundkörper sind die jeweils vorderen Bohrungen geklemmt. In die hinteren Bohrungen sind Ms-Buchsen eingegossen. Das entspricht der **Abb. 55** in diesem Buch. Die Maschine hat einen Satz Silberstahl-Spannzangen, einen gerasteten Vierstahlhalter mit zwölf (!) Klemmschrauben, schöne große Skalenringe und eine Bohrtiefenskala auf der Reitstock-Pinole. Auch die Gleitbuchse im Reitstock ist mit einem Doppel-Zangendorn eingegossen. Auf den Rand des äußeren T-Nut-Rings wurde ein Justierstift eingebohrt. Durch diesen ist die exakte Null-Einstellung nach einer Gradverstellung des Obersupports gewährleistet. Die Schiebeplatten und andere

Foto 62: Der Spindelstock dieser herrlichen Eigenbau-Maschine mit zwei Rundwangen ist ein massiver Alu-Klotz

Foto 63: An der rechten Seite der Drehplatte steckt der Absteckstift für zylindrisches Drehen

Teile des herrlichen Drehstuhls wurden aus Messing gemacht. Als Zubehör hat Herr Anthonj eine Teileinrichtung gebaut, die anstelle des Vierstahlhalters aufgebaut werden kann, und dazu einen kleinen Schlagzahnfräser. Der Herstellung kleiner Dreh- und Frästeile steht also nichts entgegen.

Interessant sind die Stahlhalter, die sich Feinmechanik-Meister Jürgen Behrendt für seinen Boley-Drehstuhl gebaut hat (**Fotos 66, 67** und **68**). Nach eigener Aussage benutzt Herr Behrendt zum Drehen gern die runden HSS-Drehlinge. Außerdem dreht er fast ausschließlich Drehmessing. Weil dafür bekanntermaßen der Spanwinkel 0° ist – die Spanfläche liegt vollkommen waagerecht – ist er auf die Idee gekommen, in flache Alu-Platten exakt in Arbeitsspindelhöhe geriebene Durchgangs-Klemmbohrungen vom Durchmesser der Drehlinge zu bohren. Wird der Drehling am Schneidteil genau zur Hälfte abgeschliffen (ähnlich einem Gravierstichel), so steht die Spanfläche automatisch auf „Spitzenhöhe". Zur Sicherheit kann man noch gering breite Freiflächen anschleifen und durch

Foto 64: Die Rückansicht der Maschine. Man sieht die Schlitz-Klemmung für die hintere Wange und die eingegossene Gleitbuchse vom Quersupport-Grundkörper

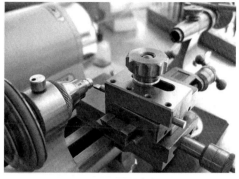

Foto 65: Klemm-Stahlhalter der „etwas anderen Art" für runde Drehlinge, vergleichbar mit den Klemmplatten des Herrn Behrendt (Fotos 66 bis 68)

Foto 66: In der Klemmplatte ist ein Seitendrehstahl gespannt. Die Drehlinge haben an einem Ende bereits halbseitig eingeschliffene Stufen!

leichte Verdrehung des Drehlings in der Stahlhalterplatte kann man die Spitzenhöhe sowie die Schneidenwinkel geringfügig ändern. Das Einbohren (wenigstens das Zentrierbohren) der Bohrungen in die Stahlhalterplatten würde ich auf dem Drehstuhl selbst machen. So ist die Bohrhöhe automatisch gegeben. Die Platten mit ihren Langlöchern für die Stahlhalterschraube können in Quer- (Seitendrehstahl) als auch in Längsrichtung (Bohrdrehstähle) auf dem Obersupport geklemmt werden. Keine schlechte Idee, das Ganze, die man für einen Eigenbau nutzen könnte.

Peter Held ist der absolute „Designer". Er achtet neben der Genauigkeit sehr auf ein ansprechendes Äußeres seiner Bauten. Seine kleine Drehmaschine (auch die dazu im Stil passende Tischfräsmaschine) hat eine stahl-

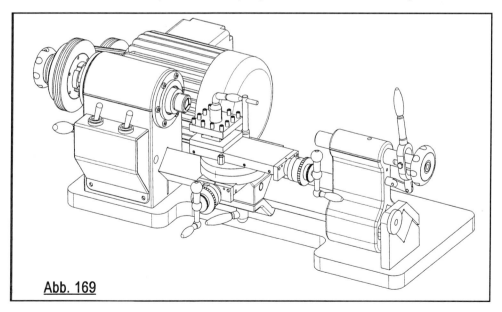

Abb. 169

Foto 68: Die gesamte Kollektion von schnell auswechselbaren Klemmplatten

◀ Foto 67: Ein kleiner Bohrstahl aus Voll-Hartmetall ist geklemmt

Foto 69: Der Spindelstock ist an der Oberseite gerundet. Die Maschine hat hier einen Schnellwechsel-Stahlhalter auf dem Obersupport und die angebaute Vorschub-Spindel für den Kreuz-Support

Foto 70: Nahaufnahme vom Kreuz-Support. Die Grad-Skala hat 2°-Teilung; die Arbeitsspindel ein Feingewinde auf dem Spindelkopf

blaue Hochglanz-Lackierung (**Fotos 69** und **70**). Die Wange ist ein hochkant gestellter 25×25-mm-Vierkant-Stab (**Abb. 169** und **170**). Alle Durchbrüche für diesen und die runden Bohrungen in Arbeitsspindelhöhe wurden senkerodiert. Der Arbeitsspindel-Kopf hat ein M18×1,5-Feingewinde. Die Spindel ist mit zwei Präzisions-Rillenkugellagern gelagert. Zur Maschine hat Herr Held einen Satz Spannzangen gebaut. Angetrieben wird die Maschine von einer dreistufigen Riemenscheibe für Rippenbänder. Am hinteren Ende der Wange sitzt ein Stützbock, der nach Angabe des Konstrukteurs zum schnellen Wegneh-

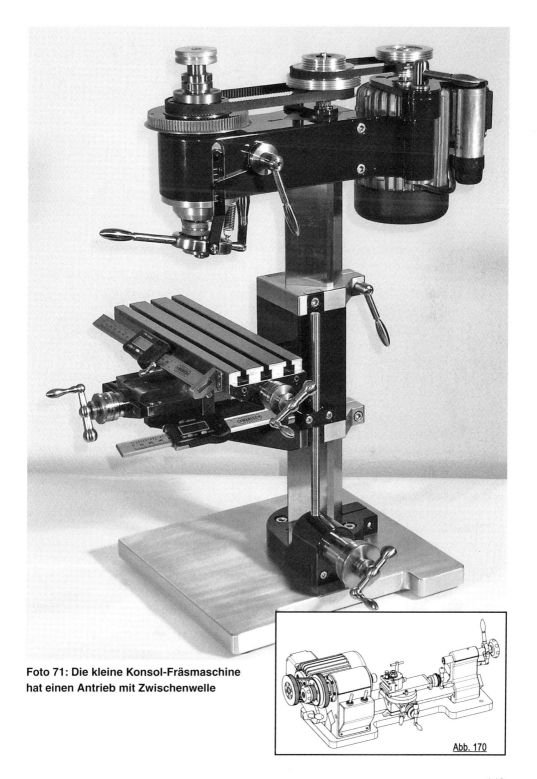

Foto 71: Die kleine Konsol-Fräsmaschine hat einen Antrieb mit Zwischenwelle

Abb. 170

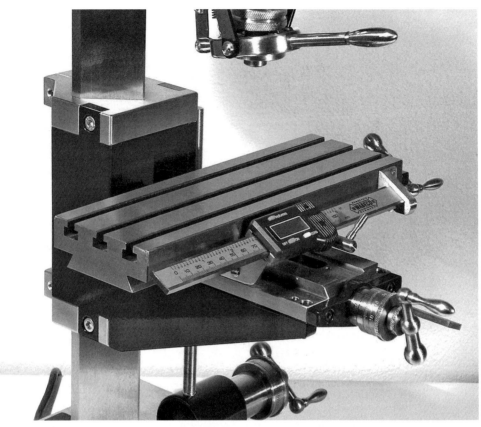

Foto 72: Für beide Waagrecht-Supports sind sogar digitale Messschieber angebaut – man gönnt sich ja sonst nichts!

men des Reitstocks mit wenigen Handgriffen abgebaut werden kann. Die Maschine hat neben einem Vierstahlhalter auch einen Schnellwechsel-Stahlhalter. Es gibt einen kurzen und einen langen Obersupport für die Maschine. Für das Langdrehen kann Herr Held mit einer „Leitspindel" vorn neben der Wange den gesamten Kreuzsupport verschieben! Auch diese Spindel kann, weil sie im Stützbock gelagert ist, schnell entfernt werden. Durch das Verfahren des gesamten Kreuzsupports werden Kurbelkräfte nicht auf die Drehoberfläche übertragen (Drehbild), wie das bei schlecht eingestellter Obersupport-Führung schnell geschehen kann.

In der Größe passend zur Drehmaschine hat Herr Held noch eine kleine Tisch-Fräsmaschine gebaut (**Fotos 71** und **72**). Auch bei dieser Maschine ist das tragende und richtunggebende Element ein Vierkantstab.

Wie Herr Held die Skalierung der Support-Skalenringe gemacht hat, möchte ich, weil es so genial ist, hier kurz erklären. Zur Herstellung der 100er-Teilung hat Herr Held das 100er-Wechselrad seiner Drehmaschine auf die Arbeitsspindel gesteckt. Dafür hat er am Maschinengehäuse einen gut in die Zahnung passenden gefederten Raststift montiert. Der unschätzbare Vorteil dieser Sache liegt darin, dass man unmittelbar nach dem Andrehen des Skalenrings auf diesen (also bei exaktem Rundlauf) mit einem Spitzstahl, der im Stahlhalter auf der Seite liegt, durch Fahrt mit dem Obersupport die Skalenstriche aufstoßen kann!

Foto 73: Ein Blick in den Modell-Maschinensaal des Herrn Kästner. Die Maschine erzeugt hier richtige kleine Alu-Fließspäne. Man beachte das 1-Cent-Stück am linken Maschinenfuß

Foto 74: Auch diese Maschine hat einen Handhebel-Reitstock. Der Motor sitzt hier vor dem Spindelstock

Foto 75: Die relativ einfache, jedoch durchaus brauchbare Spannklaue auf dem Obersupport der Mehner-Maschine. Die Support-Einstellschrauben haben Kontermuttern

Schöne originalgetreue Funktions-Modelle von Werkzeugmaschinen der vorletzten Jahrhundertwende im einheitlichen Maßstab 1:15 baut Herr Stephan Kästner. Das vorbildgetreue Aussehen steht bei ihm im Vordergrund, daneben sollen die Maschinen aber auch „produzieren" können. Er hat einen kleinen Echtdampf-Betrieb mit Dampferzeuger, Dampfmaschine, Stromerzeuger, umfangreichen Transmissionswellen und diversen alten Werkzeugmaschinen als herrliches Schau-Objekt gebaut und darüber schon mehrfach in der Zeitschrift „MASCHINEN IM MODELLBAU" berichtet. In seinem „Maschinensaal" steht auch eine Leitspindel-Drehmaschine mit handgeschabten Maschinenbett **(Foto 73)**. Die Arbeitsspindel hat konische, nachstellbare Gleitlager. Angetrieben wird die Maschine stilgerecht von einem Lederriemen. Über ein Wechselradgetriebe wird eine Leitspindel bewegt, die über ein originales Mutternschloss und eine winzige Zahnstange den Bettschlitten zieht. Herr Kästner hat ein Mini-Dreibackenfutter von nur 24 mm Durchmesser gebaut. Die kleine Plangewinde-Scheibe in seinem Innern wurde CNC-gefräst. Das Schnellspann-Bohrfutter sieht nur wie ein solches aus, im Innern hat es eine Spannzange. Die Supportspindeln haben Gewinde M2 links.

Keine Maschine für das Herstellen von Modellteilen, jedoch ein sehenswertes „Spielzeug", das auf Ausstellungen schon Tausende Betrachter in Begeisterung versetzt und sicherlich zur Nachahmung angeregt hat. Wir freuen uns schon auf weitere Arbeiten von Herrn Kästner.

Zu einem vorhandenen Spindel- und Reitstock von „Lorch" hat Herr Manfred Mehner es unternommen, ein Maschinengestell, einen Kreuzsupport und einen passenden Antrieb zu

Foto 76: Auch bei der Weers-Maschine sind die Support-Einstellschrauben gekontert

bauen. Das Maschinengestell wurde aus T- und U-Stahl-Profilen zusammengeschraubt, wobei zwei auf exakten Abstand (24 mm) gebrachte, 565 mm lange 50er-T-Schienen das „Bett" ergeben **(Foto 74)**. Der Antrieb arbeitet über eine zweifache Riemenuntersetzung, wobei als Zwischenwelle einfach eine in einem schwenkbaren Holzblock gelagerte Fahrradnabe ist. Eine gute Idee, es muss nicht immer Hightech sein. Ein 50-Watt-Büromaschinenmotor mit einer Leerlaufdrehzahl von 1.450 U/min treibt das Ganze. Der Motor entwickelt ein relativ hohes Drehmoment, ist umpolbar und – leise! Durch die dreistufigen Riemenscheiben auf Arbeitsspindel und Zwischenwelle stehen an der ersteren drei Drehzahlen zur Verfügung: 540, 920 und 1.540 U/min.

Auch bei den beiden Kurbelgriffen für den Kreuzsupport hat Herr Mehner auf „Halbzeuge" zurückgegriffen. Er hat einfach zwei kleine Messgeräte-Knöpfe angebaut, die man im Elektronik-Zubehörhandel kaufen kann. Für die beiden Supports wurden zwei 180 mm lange, zueinander passende Schwalbenschwanz-Führungsteile gefräst. Jeweils in der Mitte getrennt, erhielt man so Quer- und Obersupport. Interessant finde ich die Befestigung zwischen Quersupport-Schlitten und Obersupport-Grundkörper. Hier gibt es einen zentralen Bolzen und eine in einer flachen Senkung liegende Klemm-Mutter. Zum Kegeldrehen wird diese Klemmung gelöst und die Winkelverstellung erfolgt durch einen voreingestellten Winkelmesser. Eine Klaue hält den Drehstahl **(Foto 75)**.

Auch Egon Weers hatte den Mut, für einen vorhandenen Spindelstock mit Rundwange von einem Uhrmacher-Drehstuhl einen Kreuzsupport und einen Reitstock selbst zu bauen. Das **Foto 76** zeigt das beachtliche Ergebnis; **Foto 77** den kompletten Kreuzsupport. Das dritte **Foto 78** zeigt den Quersupport-Grundkörper. In die große Bohrung an der Oberseite wird eine auswechselbare Messing-Buchse eingesetzt, durch welche radial das Feingewinde für den Spindelantrieb geht. Beson-

Foto 77: In den Obersupport sind zum Versetzen des Stahlhalters längs zwei T-Nuten eingefräst. Damit möglichst keine Späne auf den freiliegende Teil der Schwalbenschwanz-Führen fallen, ist an der Schlittenstirn eine Gummi-Schürze angeschraubt. Die Skalenringe tragen die aufgeklebten Papier-Streifen mit der Skalierung. Hinten erkennt man die 1°-Grad-Skala, hier auf der Oberseite des Querschlittens aufgetragen

Foto 78: In der Mitte des Schwalbenschwanz-Profils die eingefräste Freinut für die Support-Spindel. Die beiden Halteschrauben für den Zentrierstein stechen, wie bei Uhrmacherdrehstühlen oft üblich, durch die waagerechten Grundflächen des Schwalbenschwanz-Profils

Foto 79: Schnellwechsel-Stahlhalter, Marke: Weers. Sowohl die Klemmschraube als auch die Schraube für die Höheneinstellung sitzen seitlich etwas außer Mitte; das ist kein Schaden!

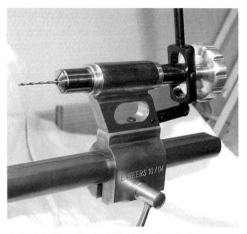

Foto 81: Handhebel-Reitstock mit der angelöteten Pinolen-Gleitbuchse. 10/04 steht wahrscheinlich für das Herstellungsdatum?

Foto 80: „Stichelhaus" auf einer anderen Version eines Kreuzsupports. Nachteilig sind hier die freiliegenden Führungen und der etwas geringe Schwenkbereich des Obersupports. Wegen beiden Gründen hat Herr Weers einen neuen gebaut

ders stolz ist Herr Weers auf seine Variante eines Schnellwechsel-Stahlhalters, den wir im **Foto 79** sehen. Den Obersupport hat er zweimal gebaut. Ich zeige den „1. Versuch" im **Foto 80** deshalb, weil der hier ausgeführte Stahlhalter nicht unintelligent ist. Im Stil eines „Stichelhauses" ist die Auflagefläche für den Drehstahl als höhenverstellbare Mutter (Feingewinde) gestaltet. Es passiert oft, dass von verschiedenen Leuten zu gleichen Problemen ähnliche Lösungen gefunden werden. Zur genauen Ausrichtung der Achsen der Arbeitsspindel und der Pinolen-Achse hat Herr Weers auch einen genau gedrehten Doppel-Zangendorn angewendet. Der Unterschied zu meiner Variante (Eingießen einer Gleitbuchse, vgl. **Abb. 96**) liegt in der Anbringung. Herr Weers hat die Pinolen-Buchse an den vorgearbeiteten Reitstock-Grundkörper weich angelötet **(Foto 81)**. Und auch bei der Skalierung für die Skalenringe wurden aufgeklebte Papierstreifen verwendet (vgl. **Foto 77**).

7. Händlerverzeichnis

Adolf Pfeiffer GmbH (Werkzeuge)
Käppelestraße 4
D-76131 Karlsruhe
Tel.: 07 21/62 63-0
E-Mail: info@pfeiffer-werkzeuge.de

Bergeon & Cie SA (Klein- und Uhrmacherdrehmaschinen und Zubehör)
Avenue du Technicum 11
CH-2400 Le Locle
Tel.: (032) 933 00 55
Fax: (032) 933 00 66
E-Mail: bergeon@bergeon.ch

BWZ-Schwingungs-Technik (Gummi-Metallelemente)
Felix-Wankel-Straße 31
D-73760 Ostfildern (Nellingen)
Tel.: 07 11/34 01 79-0
Fax: 07 11/34 01 79 79
Internet: www.bwz-schwingungstechnik.de
E-Mail: info@bwz-schwingungstechnik.de

Eichardt-Modellplan-Archiv (Schiffsmodellpläne, Baupläne für Maschinen-Zubehör)
Dornröschenweg 11
D-76189 Karlsruhe
Tel.: 07 21/57 89 35
E-Mail: juergen.eichardt@t-online.de

Fa. J. Hitscherich (Wälzlager)
Im Schlehert 26
D-76187 Karlsruhe
Tel.: 07 21/5 59 16 12
Fax: 07 21/5 59 16 29
E-Mail: hitscherich-waelzlager@t-online.de

Knuth Werkzeugmaschinen GmbH (Werkzeugmaschinen und Zubehör)
Schmalenbrook 14
D-24647 Wasbek/Neumünster
Tel.: 0 43 21/60 9-0
Fax: 0 43 21/6 89 00
Internet: www.knuth.de
E-Mail: info@knuth.de

Maschinenbau Koch GmbH und Co. (Backenfutter für Uhrmacher-Drehmaschinen)
An der Hopfentarre 13
D-09212 Limbach-Oberfrohna
Tel.: 0 37 22/60 89 80
E-Mail: koch.mb@t-online.de

RC-Machines (Tisch-Werkzeugmaschinen, Werkzeuge und Zubehör)
Gewerbegebiet
L-6131 Junglinster
Luxemburg
Tel.: 003 52/78 76 76-1
Fax: 003 52/78 76 76-76
Internet: www.rc-machines.com
E-Mail: info@rc-machines.com

Schaublin GmbH (z. B. Kleindrehmaschine Typ 70-CF und Zubehör)
Daimlerstraße 13
D-61449 Steinbach/Ts.
Tel.: 0 61 71/50 38-14
Internet: www.schaublin.de
E-Mail: ari@schaublin.de

Schöffler + Wörner GmbH & Co.KG. (Antriebsriemen, Riemenscheiben)
Printz-Straße 6a
D-76139 Karlsruhe
Tel.: 07 21/62 70 90
Fax: 07 21/6 27 09-80
E-Mail: info@swweb.de
Internet: www.swweb.de

Fa. Weber (Elektromotoren und Frequenz-Umrichter)
Breite Straße 36
D-76135 Karlsruhe
Ansprechpartner Herr Heck
Tel.: 07 21/3 01 98
Fax: 07 21/38 59 44

Wilms Metallmarkt (Metall-Halbzeuge)
Widdersdorfer Straße 215
D-50825 Köln (Ehrenfeld)
Tel.: 02 21/5 46 68-0
Fax: 02 21/5 46 68 30
Internet: www.wilmsmetall.de
E-Mail: mail@wilmsmetall.de

WMS-Möller (Werkzeuge, Maschinen, Service)
Geschwindstr. 6
63329 Egelsbach
Tel.: 0 61 03/94 60 11
Fax: 0 61 03/4 96 10
Internet: www.wms-moeller.de
E-mail: info@wms-moeller.de

8. Literaturhinweise

(1) Jürgen Eichardt, „Drehen für Modellbauer" Band 1, Verlag für Technik und Handwerk Baden-Baden 2001, ISBN 3-88180-713-6, VTH Best.-Nr.: 310.2113
(2) Jürgen Eichardt, „Drehen für Modellbauer" Band 2, Verlag für Technik und Handwerk Baden-Baden 2001, ISBN 3-88180-714-4, VTH Best.-Nr.: 310.2114
(3) Jürgen Eichardt, „Fräsen für Modellbauer" Band 1, Verlag für Technik und Handwerk Baden-Baden 2002, ISBN 3-88180-717-9, VTH Best.-Nr.: 310.2117
(4) Jürgen Eichardt, „Fräsen für Modellbauer" Band 2, Verlag für Technik und Handwerk Baden-Baden 2002, ISBN 3-88180-718-7, VTH Best.-Nr.: 310.2118
(5) Jürgen Eichardt, „Fräsen mit der Drehmaschine" 2000, Verlag für Technik und Handwerk Daden-Baden, ISBN 3-88180-099-9, VTH Best.-Nr.: 310.2099
(6) Jürgen Eichardt, Bauplan mit ausführlicher Bauanleitung „Kleindrehmaschine", Eichardt-Modellplan-Archiv, Best.-Nr. mz010
(7) Jürgen Eichardt, „Modellbautechniken", Verlag für Technik und Handwerk Baden-Baden 2003, ISBN 3-88180-135-9, VTH Best.-Nr.: 312.0035

6 mal im Jahr alles zum Thema

- Dampfmaschinen
- Verbrennungsmotoren
- Werkstattpraxis
- Werkzeugmaschinen
- Heißluftmotoren
- Spezialmaschinen

Preis: Einzelheft 5,30 €

kompetent und aktuell

Fordern Sie noch heute ein kostenloses Probeheft bei VTH an!

Im Abonnement jährlich nur 30,00 € (innerhalb Deutschlands)

Der vth-Bestellservice
☎ 07221/508722
per Fax 07221/508733
E-Mail: service@vth.de
Internet: www.vth.de

▶ Erlebnis

▶ Hobby

▶ Sport

▶ Technik

▶ Freizeit

www.vth.de

Zeitschriften • Bücher • Baupläne • CDs

Kostenlose Prospekte unter Telefon: (+49) 0 72 21/50 87 22

Verlag für Technik und Handwerk GmbH, Baden-Baden